物理が楽しくなる!キャラ図鑑

物理角色圖鑑

用35個萌角色掌握最重要的物理觀念，秒懂生活中的科普知識

東京理科大學理學院物理系教授
川村康文●著
林雯●譯

前言

一起來喜歡物理吧！

物理可能是很多人最頭痛的科目，但我還是想請大家一起來喜歡物理。本書中，物理學校的人物會帶著大家走進充滿魅力的物理世界。想以做學問的態度好好學習物理的人，看了本書或許會覺得：「這是什麼鬼？」但對光是聽到「物理」這兩個字就害怕的人來說，應該會有茅塞頓開的感覺吧！

請大家先看看書中的人物，然後翻翻漫畫頁面。如果覺得有趣，哪怕只有一點點，都請你一定要試著閱讀下去。

你會看到一個嶄新的物理世界，完全顛覆你過去對物理的印象。

遇到任何難理解的事，都需要多些想像力。所以，當你覺得書中某個部分很難懂，請立刻呼喚書中人物，和這個有個性、活潑開朗的人物一起讀下去。這樣的話，艱澀難解又枯燥乏味的物理，就會以更鮮活的樣貌呈現在你面前。

本書也會談到最尖端的科學技術。我們日常使用的手機、電視等都是尖端科技的產物，而這些技術都需要物理學才能具體實行。透過學習物理，或許可以解決許多我們平時不以為意、但又不明白箇中原由的小問題，疑惑之處也能豁然開朗。我會盡量用淺顯易懂的方式說明，也會加入一些稍有難度的內容，好好刺激各位的大腦。

請一定要試著看看本書，不管是在通勤電車上，或在家裡躺著時都可以。就算你到現在還完全搞不清楚假想力（Fictitious force）和歐姆定律（Ohm's law）是什麼東西；或是物理超爛，學習之路挫折連連，透過本書，都能很快進入狀況。

在伽利略（Galileo Galilei）、牛頓（Isaac Newton）、愛因斯坦（Albert Einstein）三位物理大師率領之下，書中各個我行我素的人物，會讓你實實在在的看見物理如何存在於生活中。身為作者的我，非常希望你一向感到索然無味的物理世界，能夠變得多彩多姿！

川村康文

歡迎來到酷傢伙們彩繪的物理世界！

川村老師你好！聽說今天老師要帶我們認識「連貓都懂的物理世界」，所以我就過來玩了，喵！

貓咪喜歡物理嗎？

呃……

那喜歡彩虹和花嗎？

我每次想要玩花，主人都會說：「不行！」彩虹我摸不到，但它很漂亮，喵！

其實彩虹和花都跟物理有很密切的關係喔！

喵！真的嗎？

是粒子也是波

那就是我（光）

兼容並蓄

是雌蕊
也是雄蕊
那就是我

光同學

為什麼？喵！

因為力同學很對我的味！

啊！怎麼會……

好像很有趣呢！喵！

如果物理也用漫畫的方式來學習，是不是比較平易近人呢？

現在就讓我們打開書來看看吧！

CONTENTS

Part 1 力與速度

Part 3 波 ⋯⋯ 60

Part 4 電與磁 ⋯⋯ 88

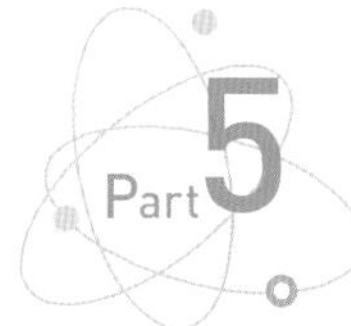
Part 5

時間與宇宙 ····· 138

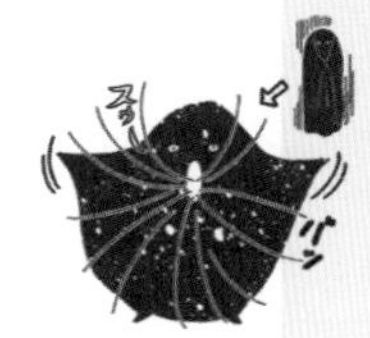

閱讀和使用本書的方法

本書中，會用 35 個人物以簡單明瞭的方式來說明物理理論，現在我們先介紹幾個他們出現的頁面。

他們登場的舞台是一所物理學校。本書中，每篇都有不同的班級或社團活動，這裡說明人物的特徵。

本書分為「力與速度)、「熱」、「波」、「電」(Electricity) 與「磁」(Magnetism)、「物理與最新科技)、「時間與宇宙」等 6 個項目。

為了更容易理解，我們用人物來代表每個項目；對理論的解釋也盡量淺顯易懂，避免太複雜。

我們花了許多心思，用漫畫來表現各項目中登場人物的角色形象，希望讀者能一看就懂，閱讀起來輕鬆愉快。

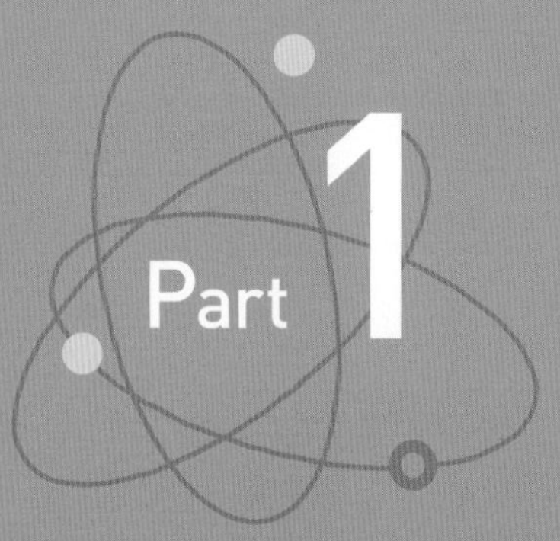

力與速度

銀河物理學校的風雲人物都在這一班！

運動班分為「力」與「速度」兩組。「力」組有許多強壯有力又溫柔體貼的人，「速度」組則一切以速度為評價標準。同學中人才濟濟，每個人都有自己活躍的舞台。

要試試看當投手嗎？
咻
呼呼
轉呀轉
蹦～ 跳～
轉彎處小心
加速同學破紀錄了！

角色檔案：1

【Force】

力

這裡是銀河中的物理學校，我們先來看看運動班的「力」組。這所學校有很多有個性的學生，但這組在其中仍顯得相當特殊，每個學生都魅力十足。他們各自都擁有無敵的力量，還好有力同學發揮傑出的領導能力，大家總算才能團結在一起。

運動班的
超級巨星
I am the champion!

他以優秀的領導能力盡心引導大家，但不太擅長處理細節。

力同學每天的live表演

➡角色檔案：2

【Elastic force】

彈性力

隨時隨地都在跳。有數不清的鞋子彈簧，看身體狀況和心情來決定穿哪一種。不管跳多遠都會回到原地。最喜歡讓別人嚇一跳，戴著嚇人用的帽子。

➡角色檔案：3

【Gravity】

重力

牛頓（請見 116 頁）創造的物理代表人物。最喜歡地球，不管多遠，他都會一直線朝地球前進，完美著陸。如果被拋到外太空，他會因寂寞而活不下去。

角色檔案：4

【Centrifugal force】

離心力

傲嬌小太妹。因為害羞，會立刻把別人拋飛到遠處;麻煩的是，連喜歡的人也不例外。聽說她其實暗戀速度同學。她有一個雙胞胎弟弟，名叫向心力（請見 30 頁）。

編注：離心力是圓周運動時的假想力。

有能耐把這些個性獨特的人整合在一起的，也只有超級巨星——力同學了！

川村老師，
請用簡單的方式告訴我「力」是什麼？

好的，我們就來談談物理學中的「力」。不過，我想先問一下，你認為什麼是「大力士」？

身材高大、肌肉發達的人？像相撲選手那樣～喵！

老師 告訴你一件有趣的事。日本在明治時期實施門戶開放政策，走向文明國家之路。當時，日本人完全比不上歐美人，尤其是體格方面。如果比腕力，感覺一定會輸。但據說在明治維新時代，我們的前輩接連扳倒貌似強壯的歐美人。這種情況下，哪一方才是「大力士」呢？

咦！這個嘛……個子小但力氣大，所以是日本人吧……不不不，應該還是體格好的外國人吧？「力量的大小」難道沒有個標準嗎？喵！

老師　比如說，舉重的東西和舉輕的東西，哪一種比較需要用力呢？

貓咪　重的！

對啊！據說，**物理學中「力學」這門學問，就是從研究類似舉重物時的肌肉緊張感開始**。彈簧就能表現出這種緊張感。所以，有伸縮能力的彈簧就被用來比較力的大小。

體重在哪裡量都一樣？

說到力，你會想到什麼樣的力呢？

除了舉起、移動物體的力之外，還有各式各樣的力。如彈簧伸縮時的**彈性力**、用繩索提吊物品時作用於繩索的**張力**、支撐放在地板上的物品，使它不至於陷下去的**阻力**、阻礙地板上的物體向旁邊滑動的**摩擦力**、同樣是阻礙物體運動的**空氣阻力**，以及潛水時造成耳朵痛的**水壓**等。

這裡想問大家一個問題：**「體重在哪裡量都一樣嗎？」**換個問法就是：「無論在哪裡測量，物體的重量都是一樣的嗎？」

物體的重量，就是作用於物體的重力大小。重力是力的一種，**重的物體所受的重力較大，輕的物體所受的重力較小**。所以依據全球標準（Global standard），重量的單位是 N（Newton，牛頓）；而用我們熟悉的**公斤（kg）為單位時，測量的是一種物理量（Physical quantity），稱為「質量」（Mass）**。

如果重力加速度（Gravitational acceleration）為 g，質量為 m，重力的大小就是 mg。

那麼，體重或物體的重量，在地球任何地方測量，都會得到一樣的結果嗎？

月球上的重力是地球的 1 / 6，所以在月球測量的話，重量就是在地球的 1 / 6。

不過，地球的所有地方，重力是否都一樣？實際上，因為地球自轉的關係，**赤道會受到最大的離心力**。因為離心力作用的方向遠離地球中心，所以在赤道位置，物體被拉向地球的力量會減少一點點；但這最多只有 0.034%的影響，幾乎可以忽略不計。因此可以說，**同一物體在地球上無論哪個地方，重量大致相同**。

為什麼油會浮在水上呢？

我們已經知道力有許多種類，現在我想問大家一個問題：「為什麼油會浮在水上呢？」**水之類的液體和空氣之類的氣體都沒有固定形狀，所以統稱為「流體」**。流體中較輕的會往上升，較重的會向下沉。水和油原本就不會互相融合，而**油的密度（每單位的質量）比水低，所以油會浮在水上**。

壓力鍋與滲透壓的原理

哪些領域常用到「壓力」這個詞？

沒錯，就是跟天氣有關的領域。高氣壓伸展增強時，就是晴朗好天氣；低氣壓的話就是陰天。那麼，**1 大氣壓（描述大氣壓力大小的單位）的壓力是多少呢？**

我們平常受到的空氣壓力稱為「大氣壓力」（Atmospheric pressure）。**壓力的計算方法為「表面所承受的垂直力／面積」**；所以大氣壓力（p）的算法就是「落在某塊面積上的所有空氣重量

／面積」。也就是說，壓力就是每單位面積所受的力。因此，如果空氣密度為 ρ，空氣整體質量 m 就是密度 × 體積 V（即 $m=\rho V$）；那麼，面積 S（單位為 m^2）所受的力（亦即重力）就是 ρVg。如果地面到天空的高度是 h，而體積是面積 × 高度（$V=Sh$），所以 $m=\rho V=\rho Sh$。因此，壓力（p）的算式如下：

$$p=\frac{F}{S}=\frac{mg}{S}=\frac{\rho Vg}{S}=\frac{\rho Shg}{S}=\rho gh\ (N/m^2=Pa^{注})$$

順道一提，義大利人托里切利（Evangelista Torricelli）發明用水銀柱測量氣壓的方法，以水銀柱 76 公分高為 1 大氣壓，以此計算出 1 大氣壓＝ 1013 百帕（Hectopascal，縮寫為 hPa），這是天氣預報時經常聽見的單位。

現在讓我們思考一下壓力鍋是怎麼回事。壓力鍋的鍋蓋是不鏽鋼製造的，密度遠高於空氣。也就是說，壓力鍋中的**壓力遠大於 1 大氣壓**。1 大氣壓時，水的沸點是 100℃，但在壓力鍋中，溫度必須更高才會沸騰。所以，**比起開著鍋蓋烹煮食物，壓力鍋內提供高溫、高壓的環境**，食物可以更快煮好，也更入味。

編注：氣壓的國際單位制是帕斯卡（Pa），在一般氣象學中人們用千帕（kPa）或百帕（hPa）作為單位。

現在我們來談談與滲透（Osmosis）有關的滲透壓（Osmotic pressure）。

同一容器內，兩種不同濃度的水溶液相鄰時，水分會移動，以保持整體固定的濃度，其中產生的壓力稱為「滲透壓」。

生物的細胞膜有許多小孔，水和小物質可通過，大物質則無法通過；這樣的膜稱為「半透膜」（Semipermeable membrane）。用半透膜隔開兩種不同濃度的液體時，就會產生滲透壓。如果把半透膜放在容器中央，將容器隔成左右兩邊，右邊放入顆粒比水大的物質，使其溶解。這種情況下，水可以自由的透過半透膜的孔左右流動，較大的顆粒則無法通過那些孔。因為左右兩邊溶液的濃度會趨於相同，所以從左邊移到右邊的水顆粒會增加。從某種意義來說，就像用幫浦把水送往右邊，此時幫浦的水壓就是所謂的滲透壓。

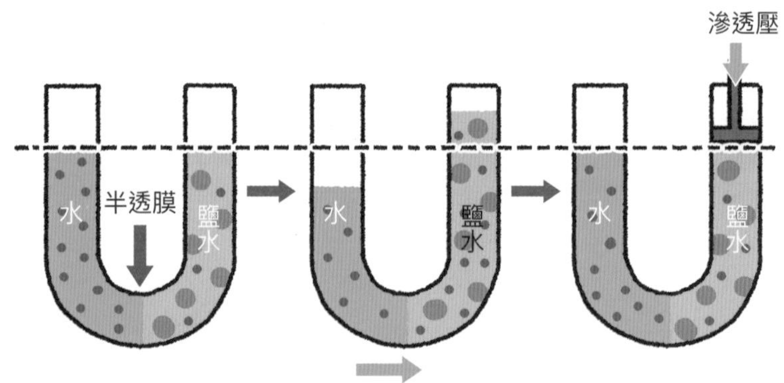

什麼是耐震結構？

前文提過，力有各式各樣的種類，而板型彈簧（Leaf spring）能夠簡明易懂的解釋地震時高樓搖晃的現象。也就是說，即使是橫向搖晃，仍是彈性力在起作用。軟彈簧容易變形，硬彈簧則否。耐震結構的最佳設計就是將軟彈簧改為硬彈簧，使建築物不易搖晃；

並建造粗大堅固的梁柱，使建築物本身的強度足以承受地震。

日本經過阪神、淡路大地震，耐震結構獲得了一定程度的評價；但因地震的能量直接傳遞給建築物，可能會損害建築物的牆壁等結構。

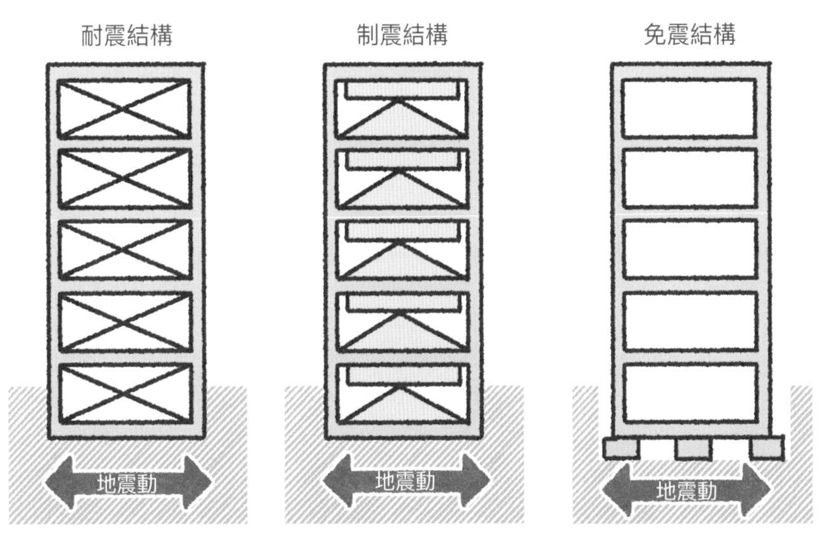

另一方面，**制震結構**是在建築物內部嵌入**阻尼器**（Damper），以吸收地震能量。

鋼筋混凝土建造的高樓層重型建築物會在每層都安裝阻尼器，鋼骨結構的輕型建築物則只安裝在最上層。**阻尼器會吸收地震能量**，降低損害。**免震結構**是在建築物的主結構和地基之間裝設**積層橡膠**等免震裝置，**使傳遞至建築物本身的震動程度降低**，如此，建築物便不易毀壞，家具翻覆的情況也會大幅減少。

➡角色檔案：5

【Velocity】

速度

速度組全都是個人主義者，速度同學也完全沒有凝聚大家的意思，因為「速度」就是屬於個人的競賽。幸虧有空氣阻力同學，他們才能團結一致。不然，速度組只會是一群暴走族吧！

傳說他是風靡全校的帥哥

速度同學總是在奔跑。因為他跑得太快，沒有人看清過他的長相，不知傳言是真是假？

上學也變成賽跑

Part 1 力與速度

【Centripetal force】

角色檔案：6

向心力

他和力組的離心力（請見19頁）是雙胞胎。雖是異卵雙胞胎，但性格相似。他有能力拉住被離心力姊姊的傲嬌力量拋飛的人，所以他成為那些人的依靠。

【Air resistance】

角色檔案：7

空氣阻力

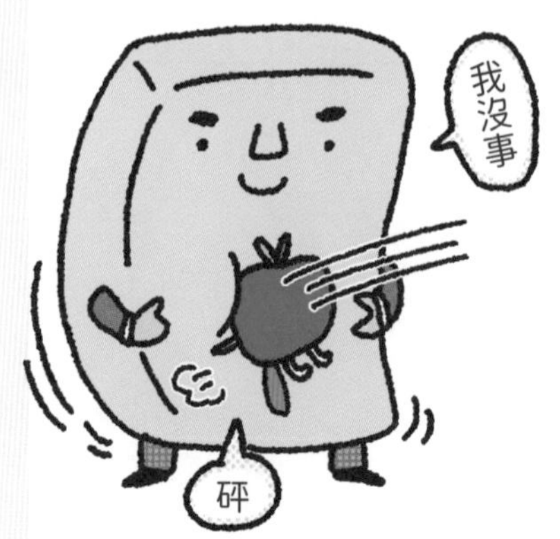

速度與加速這兩位同學的目標是創新世界紀錄，所以視他為天敵，但實際上他是這一組的中流砥柱。他能按捺住可能變成暴走族集團的速度組，溫柔的接住全班同學，絕不拋棄他們。

➡角色檔案：8

【Accelerate】

加速

非常積極的女孩子，屬於氣勢很強、會把油門催到底的類型，速度愈快愈來勁。她的口頭禪是：「再加把勁！」「繼續衝啊！」運動場當然不用說，上學、放學都用跑的，連在校園裡也總是跑跑跑。

「快」就是正義！
每個人都恰如其分的
扮演自己的角色

川村老師，
請用簡單的方式告訴我「速度」是什麼？

老師，我最近看到新幹線了，喵！
真的好快好快喔！喵！

人類是憑直覺（感覺）來判斷「快」或「慢」，那物理學是如何表示快慢呢？

老師 物理學中，速度是用向量（Vector）來表示，向量是具有大小和方向的量。速度的英文是 Velocity。沿直線同方向時，速度的大小稱為「速率」（Speed）。在物理的計算中，瞬時速率也是指瞬時速度的大小，所以我們用 Velocity 的 v 來代表速率。平均速率 v 的算法是距離 $x\div$ 時間 t。

也就是說，$v=\dfrac{x}{t}$ 。

貓咪 可是坐在車上時，會覺得速度一下子變快了……

老師 表示這種情況的物理量叫做加速度。

可是，當新幹線以時速 270 公里前進，我在車上沒有感覺到突然變快啊！喵！

對啊！不過，如果是速度比較慢的公車，只要稍微加速，你應該就會有感覺。也就是說，速度變化不大的時候，你是不會有感覺。

老師 如果平均加速度的大小是 a，

$$a = \frac{v - v_0}{t - t_0} = \frac{\Delta v}{\Delta t}$$

這個算式可以變形為 $v = v_0 + a\Delta t$。所以，如果知道等加速度的大小，就可求出 Δt 後的速度 v 大小。

跳台滑雪時，如何在空中停留久一些？

不論實際上是否做得到，我們先試著思考在「**力學的理想條件**」下，「跳台滑雪時，如何在空中停留久一些？」這個問題。

什麼是力學的理想條件呢？簡單來說，就是沒有空氣阻力。要飛得遠，本來就必須憑藉風力，但在真空中不可能做到這一點；而在有空氣的情況下，就會產生阻力。

因此，所謂力學的理想條件只是單純的假設。不過我們還是可以思考一下，在真空中跳台滑雪是什麼情況。真空的環境因為速度固定，又沒有阻力，所以能飛得很遠；但因為重力的影響，早晚會落地。

在真空條件下，如果不考慮人會骨折等因素，「跳台滑雪時在空中停留愈久＝飛得愈遠」的情況，其實跟棒球遠投是一樣的。

球在空中飛時，**作用在球上的力只有重力**。應該有許多人認為，力也會作用於球的飛行方向；但實際上，如果有力在作用，球一定會加速，亦即球的速度會改變。看了牛頓的運動方程式你就會懂了。

如果質量 m 的球上，有力 F 在作用，將運動方程式 $ma=F$ 變形，就可得出加速度 $a=\dfrac{F}{m}$ 。

為了用更簡單的方式解釋，我們假設球是從與地面相同的高度投出，投出的角度為 θ。此時球的速度為 v_0，稱為「初始速度」（Initial velocity）。

速度是向量，亦即具有**大小和方向的物理量**；在物理中，會分別從水平方向與鉛直方向來思考速度。順道一提，鉛直向下的方向即為重力的方向。

因此，我們運用三角函數，即可知水平方向的初始速度為：

$v_{x0} = v_0\cos\theta$

鉛直方向的初始速度為：

$v_{y0} = v_0\cos\theta$

鉛直方向的運動可視為把球丟往正上方，球一旦達到最高點，就會向地面掉落。

思考「會飛得多遠」，就等於思考「從地面往上丟的球再掉回地面的過程」。所以，我們先來看看球如何運動。

鉛直方向的運動一開始是維持向上的速度，但向地面掉落時，就轉變為向下的速度。最高點就是速度從向上變成向下的那個點，所以速度正好是 0。

此外，鉛直方向的運動是重力加速度 g 的等加速直線運動，因此，到達最高點所需時間 t 的算法如下：

$$0=(v_0\sin\theta)-gt$$

所以 $t = \dfrac{v_0\sin\theta}{g}$ 。

而鉛直方向運動為重力加速度 g 的等加速直線運動，是由**伽利略**發現的。

伽利略從**比薩斜塔**丟下一輕物一重物，結果兩者同時抵達地面。

不過，這種情況發生的前提是兩個物體所受空氣阻力幾乎相同，亦即大小、形狀相同。如果是保齡球和氣球，因為重量差太多，情況就不一樣了。但如果兩者形狀相同，重量差異在手持就能分辨輕重的程度，就會幾乎同時到達地面。仔細思考後，伽利略得到「地面上的物體都是以同樣的加速度 g 落下」的結論。

順道一提，因為球的軌跡完全對稱，球從地面上拋到最高點和從最高點落到地面，兩者所需的時間相同。由此可知，從球上拋到落地所需時間為 $2t$。

$$2t = \frac{2v_0 sin\theta}{g}$$

接著我們來看水平方向的運動。水平方向沒有力（重力）的作用，所以速度維持固定。因此，往水平方向滑翔 $2t$ 的時間，設距離為 x，則 x 的算法如下：

$$x = v_0 \cos\theta \cdot \frac{2v_0 \sin\theta}{g} = \frac{{v_0}^2}{g} \cdot 2\sin\theta\cos\theta$$

但三角函數中有一個倍角公式：$2\sin\theta\cos\theta=\cos2\theta$。計算 x 時可以運用這個公式。

$$x = \frac{{v_0}^2}{g} \cdot 2\sin\theta\cos\theta = \frac{{v_0}^2}{g} \cdot \cos2\theta \leqq \frac{{v_0}^2}{g} (\because \cos2\theta \leqq 1)$$

$\cos2\theta=1$ 是在 2θ 為 90°，亦即 θ=45°的時候。也就是說，**以 45 度角將物體往上拋時，可以達到最遠的距離**：$\frac{{v_0}^2}{g}$。

以上我們所討論的都是在理想條件——真空狀態之中。但**真實的世界有空氣，物體在承受空氣阻力的同時，也會乘風而飛。**

曾經有一段時間，跳台滑雪選手在滑翔時雙手前伸，像超人力霸王一樣。後來，為了降低空氣阻力，他們改為將雙臂緊貼體側，雙腳併攏。

現在主流的滑翔方式是 V 字跳法，利用身體與滑雪板，做出類似風箏迎風翱翔的姿勢，乘風飛行。逆風時，這種方式更有利。

日劇《長假》中的彈力球

物體在碰撞上其他物體時，會反彈回來。這段過程中一定會損失能量，所以反彈後的速度會比碰撞前的速度慢。

物理學中，兩者的比值稱為「恢復係數」（Coefficient of restitution），以符號 e 表示。

$$e=\frac{\text{碰撞後的分離速度}}{\text{碰撞前的接近速度}}$$

網球的恢復係數大約是 0.7，彈力球的話，大概是 0.9 左右。

不過，如果物體以初始速度 0，從高度 h 的地方落下，依據等加速度直線運動公式，可得 $h=\frac{1}{2}gt^2,\ v=gt,\ v^2=2gh$ 。

依據恢復係數的公式，反彈後的速度大小 $v'=ev$，所以我們可由 $v^2=2gh'$ 求出反彈後的高度 h'。

★《長假》中的彈力球是什麼？

著名日劇「長假」（富士電視台）中，瀨名秀俊（木村拓哉飾演）在葉山南（山口智子飾演）的行李中看到一個彈力球。瀨名從公寓 3 樓窗口把彈力球往下丟，球筆直反彈回來，剛好又回到他手上。這個在偶像劇裡才會有的心動場景，在當時蔚為話題。

不過，因為 $v'^2=(ev)^2=e^2v^2=e^2 \cdot 2gh$，所以 $2gh'=e^2 \cdot 2gh$，$h'=e^2h$。如果彈力球是從高度 1 公尺的地方落下，它回彈的高度就只有 0.9×0.9×1=0.81（m），大約 80 公分。

什麼？彈力球不會回到手上？喵！

就是這樣沒錯。

那麼，《長假》裡彈力球的場景是怎麼拍出來的？請仔細看瀨名的手臂動作，其實他是向地面投球。也就是說，球落下的初始速度不是 0，瀨名提供了球向下的速度。完美的一幕就是這麼來的。

熱

依照熱同學的指示，自由變身、神出鬼沒！

在銀河系物理學校中，這一班的同學關係最融洽。大家在熱同學的號令下，達成氣體→液體→固體的三態變化（請見 50 頁）。熱同學的夢想是當高中物理老師，這的確是他的天職。

角色檔案：9 【熱】➡ P.44
角色檔案：10 【氣體】➡ P.46
角色檔案：11 【液體】➡ P.46
角色檔案：12 【固體】➡ P.47

➡角色檔案：9

【Heat】

熱

熱同學頭上的麻糬代表了他的心情。熱同學高興時它會膨脹，心情低落時它會塌陷。雖然很少人看過，但它好像偶爾也會爆炸！

夢想是當物理教師
充滿活力的領導
每位個性獨特的同學

老是問別人：「你想變成什麼？」能讓對方改變狀態。和氣體、固體、液體是好朋友，4 個人總是在一起。

不能同時存在嗎？

Part 2 熱

➡角色檔案：10

【Gas】

氣體

不管去哪裡，他都可以輕易跟大家打成一片，不會讓人感到不快。如果沒有他，我們這些生物都活不下去。雖然他如此重要，但還是遠遠比不上熱同學。

➡角色檔案：11

【Liquid】

液體

她其實很想變成氣體或固體。總是很自卑，覺得自己是半調子。但在她打工的咖啡店裡，她扮演飲料的角色，非常受歡迎。大家都不能沒有她。

➡角色檔案：12

【Solid】

固體

有強烈的存在感，個性冷淡。遇到任何狀況都不動如山，保持冷靜，但就是拿熱同學沒輒。熱同學脾氣爆發時，液體和固體都會變成氣體蒸發。熱同學就是這麼可怕。

**氣體、液體和固體
其實是同一人？
真相只有熱同學知道！**

川村老師，

請用簡單的方式告訴我「熱」是什麼？

夏天時會覺得口乾舌燥，但水卻溫溫的，喵！

我們經由接觸物體來感覺它是冷是熱。自古以來，人們就會在夏天時用井水冰鎮西瓜。

貓咪　咦？井水不會溫溫的嗎？

老師　依據老奶奶的智慧，井水在夏天時是冰涼的，冬天時反而是溫熱的。真的是這樣嗎？

貓咪　不是有一種好用的東西叫做溫度計嗎？

老師　溫度計是現在才有的啦！地下到達某個深度，無論夏天或冬天，井水的平均溫度都差不多。但在地上的話，夏天很熱，冬天有時會降到零下，冷熱差異很大。

貓咪 原來如此。因為夏天是熱的，所以地下的水感覺起來是冰的，喵！

老師 對啊！比較氣溫和井水的差異，如果夏天時氣溫 30℃，水溫 16℃，就會覺得井水是冷的。若冬天時氣溫 1℃，井水 12℃，就會覺得井水是溫的。

貓咪 我們用彈簧來測量力的大小，也需要溫度計來測量溫度，喵！

老師 那你覺得溫度什麼時候會變高？什麼時候會變低？如何把水從 15℃變成 60℃？

貓咪 從外面加熱嗎？喵！

老師 對，從外面加熱，溫度就會上升。實際上，熱是從溫度高的地方傳向溫度低的地方。所以 80℃的水會變冷，是因為熱水的熱逸散到周圍，最後水溫會下降到跟房間（周圍）的溫度一樣。

貓咪 就是在獲得熱時溫度上升，失去熱時溫度下降，喵！

老師 不過，冰開始變成水（融化）後，即使持續吸熱，溫度還是會維持在 0℃。而所有的冰都變成水以後，如果仍持續吸熱，不久就會沸騰，變成水蒸氣（汽化）；這時如果繼續加熱，溫度仍會維持在 100℃。

乾冰為什麼不會融化？

乾冰顧名思義，就是乾的冰。三態變化是指**溫度上升時，物體會經歷固體→液體→氣體三種變化**。之前說明過，所有冰都變成水，以及水變成水蒸氣時，仍會維持固定溫度；而**三態變化（固體⇄液體⇄氣體間的變化）過程中，在溫度不變的情況下吸收或釋放的熱，稱為「潛熱」（Latent heat）**。

冰在正常情況下融化，會變成水。**但二氧化碳在 1 大氣壓的環境中受熱，會直接從固體變成氣體**。因為沒有轉為液態的程序，所以稱為「乾冰」。

乾冰跟一般的冰不一樣，它會立刻變成氣態的二氧化碳，逸散到空氣中。

不會出現我們平時常見的「融化」現象。

不過，如果把氣壓增強到 5.6 大氣壓以上，乾冰就會先變成液態的二氧化碳，再變成氣態的二氧化碳。所以，乾冰也可以變濕。

● 水與二氧化碳的相圖 (Phase diagram)

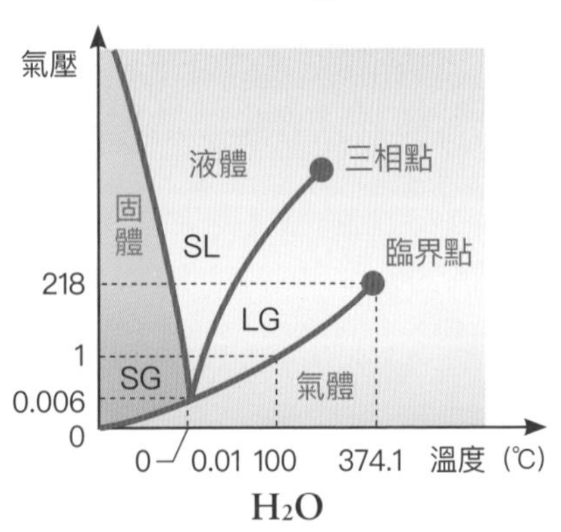

H_2O

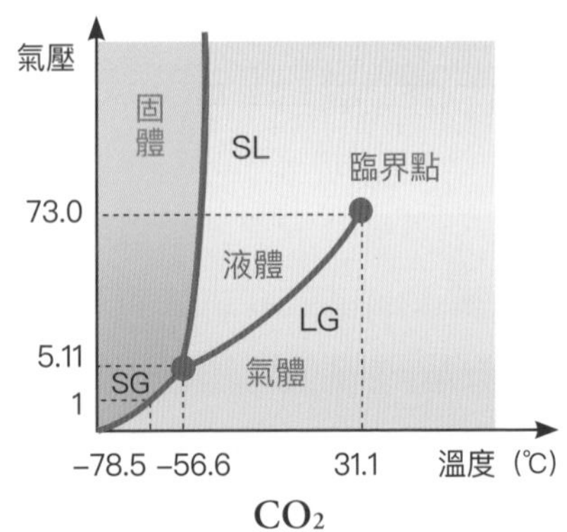

CO_2

日常生活中的各種「熱」

將氣球稍微充氣，綁住吹氣口，浸泡在 60℃以上的熱水中，會發生什麼事呢？答案是，氣球會鼓起來。相反的，如果放進冰水裡，氣球就會馬上消氣。由此可知，**空氣等氣體在受熱時會膨脹，遇冷時會收縮**，氣體體積與絕對溫度成正比。

其實，物理學所使用的「理想氣體溫度計」，就是運用**理想氣體**的體積與絕對溫度成正比的特性，來測量溫度。理想氣體的體積 V 與絕對溫度 T（單位為 K〔Kevin，克耳文〕）成正比，用公式來表示，即為 $V=kT$（k 為比例常數）。

● **攝氏溫度 t 與絕對溫度 T**

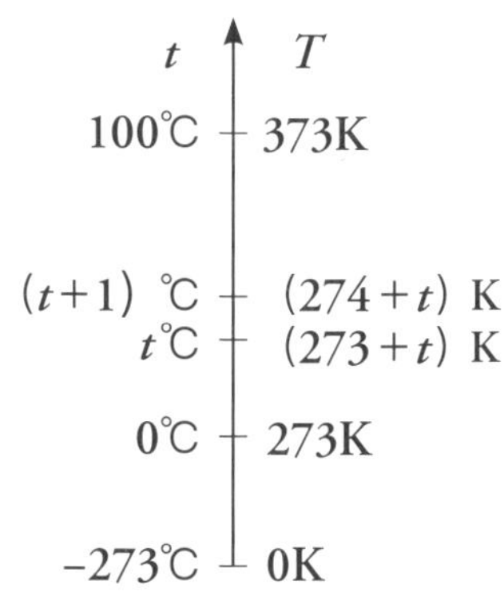

除了溫度以外，還有其他方法可改變氣球的體積。你可以試試看，用手抓著綁住吹氣口的氣球，快速向內擠壓，可使它的體積變小，因為這麼會做讓氣球承受的壓力變大。實際上，在溫度不變的情況下，若要讓氣球體積減半，壓力就要加倍。相反的，若要讓氣球體積加倍，壓力就要減半。設壓力為 p，體積為 V，則公式如下：

$$pV= 常數$$

另外，p、V 及 T 的關係可以用 $pV=nRT$ 這個公式來表示。這個公式就是**理想氣體方程式**（Ideal gas law），n 是物質的量（Amount of substance），R 是氣體常數。

氣球的體積會因熱脹冷縮等因素而改變，是因為**氣球內外的空氣壓力趨於相等**。氣球外的空氣通常是 1 大氣壓，所以氣球內的壓力也是 1 大氣壓。

為什麼蓋子很難打開？

大家應該都遇過瓶蓋或味噌湯碗蓋卡得很緊、打不開的情況，其實這也是「熱」造成的。

瓶蓋或碗蓋打不開，是因為裡面的空氣（或味噌湯、果醬等）變冷了。內容物變冷之後，瓶中的空氣也會因冷而收縮。但因瓶或碗的結構堅固，體積無法變小，迫使理應變小的體積維持原狀，導致壓力下降。如此一來，瓶外的壓力（1 大氣壓）就比瓶內大，使蓋子很難打開。

反過來說，要輕鬆打開味噌湯碗蓋或瓶蓋，就要讓內部的空氣膨脹，以提高內部壓力。也就是說，加熱內容物就可以了。不過，要打開的如果是碗，很難只加熱味噌湯。這種情況就要用手把蓋子弄彎，亦即讓蓋子變形，把空氣送進去，使內部達到 1 大氣壓。

既然提到碗，我想問問大家，有沒有遇過碗在桌上滑來滑去的情況？這種現象也可以用物理學中「熱」的原理來解釋。

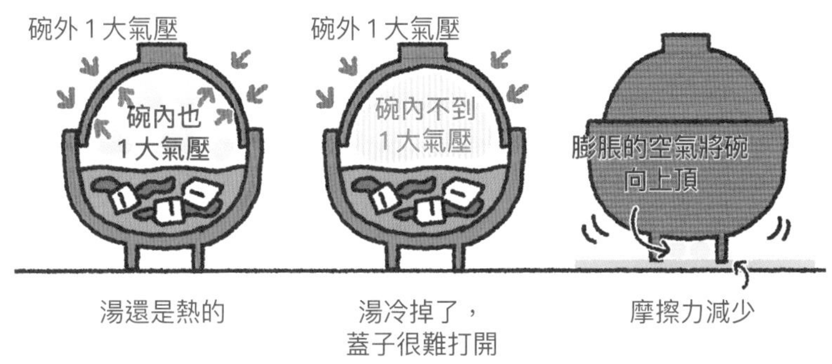

味噌湯碗裡因為有裝東西，照理說應該很重、不易移動。但是，支撐碗的部分（底部）與桌子之間的空氣因熱湯而膨脹，便形成力的作用，把碗稍微向上頂。如果底部沾到一點水，碗和桌子間的摩擦力就會變小；而**底部的水又會使碗往上浮，摩擦力就更小了，所以碗才會亂滑**。

不過，貼紙很難撕掉時，用吹風機去吹，背後的原理則稍有差異。因為吹風機加熱的不是空氣，而是貼紙。

吹風機的熱風會加熱貼紙用的黏膠，黏膠變熱後，分子運動會加速。簡單來說，就是黏膠變軟，所以比較容易撕開，跟摩擦力無關。

分子料理與液態氮的機制

最近開始流行用**液態氮**製作的**分子料理**（Molecular gastronomy）。

液態氮不是理科實驗用的東西嗎？沒錯，用液態氮等技術製作的分子料理，就是從廚師與科學家的合作開始的。

為什麼液態氮會用在烹飪上呢？因為用冷凍庫等器具冷凍食材要花許多時間，不可避免的，會讓冰晶顆粒變大。這樣一來就會**傷害食材的細胞，使食品品質降低**。

液態氮能瞬間凍結食材，所以冰晶顆粒不會變大，就**不會破壞食材的味道與口感**。

液態氮也可用在精彩的烹飪表演上。

例如，奶油中的氣泡有防凍劑的作用，使奶油不易結凍；但如果使用液態氮，奶油就能輕易瞬間結凍。如此，就能在顧客面前展現奶油表面被凍得酥脆的樣貌，並提供特殊的口感。

液態氮的溫度最低可達 –196℃。順道一提，溫度有最低值，但沒有最高上限。最低溫度可用理想氣體狀態方程式 $pV=nRT$ 計算，此方程式顯示 V 與 T 成正比。也就是說，絕對溫度 $T=0$ 時，$V=0$（即體積為 0），但這種情況不可能存在。所以這個溫度稱為絕對零度，等於攝氏 –273 度，即 0℃ =273K。

在地勢較高處為何會耳鳴？

在談論「力」組時說明過，若空氣密度為 ρ，你在地面的位置距離天空的高度為 h，則壓力 $p=\rho gh$。

跟平地相比，富士山山頂距天空較近，空氣厚度較薄，所以壓力 p 也比較小。

基本上，**人耳內（鼓膜內側）的壓力是 1 大氣壓，但爬上高處時壓力 p 會突然下降**，導致鼓膜被往外推壓，使耳朵感到疼痛，這就是耳鳴的原因。

冰箱的馬達聲是從哪裡來的？

冰箱就是可維持內部冷卻的機器，換言之，就是將冰箱內熱量向外排出的機器。就像灑水一樣，移動熱量用的冷媒在冰箱內部汽化，帶走冰箱內的熱量。然後，氣態冷媒被輸送到冰箱外部，以壓縮機壓縮，使其液化。壓縮機是使用馬達來運轉，所以這段時間會產生很大的馬達聲。冷媒的輸送也是使用馬達，但輸送時馬達的聲音很小。所以，惱人的馬達聲其實是壓縮機的運轉聲。

如何保暖腳部？

空氣受熱後會上升，所以，即使整個房間都變暖了，腳卻很難暖起來，而讓頭部感到溫暖並不難。

因此，應該讓空調的暖風向下吹，把溫暖的空氣送到腳部。另外還有一些方法，如地板暖氣等，都必須直接從腳邊加熱。

可以反覆擦拭的擦擦筆

為什麼寫好的字會消失呢？喵！

因為擦擦筆使用的墨水會隨溫度而改變顏色。

如果溫度上升到 60℃以上，墨水就會變成無色。所以，只要摩擦筆頭上的橡膠，產生摩擦熱，就能讓文字消失，也不會留下屑屑。

擦擦筆的原理

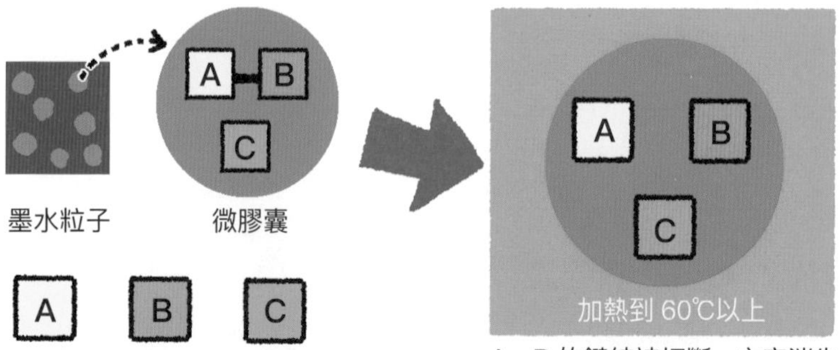

A、B 的鍵結被切斷，文字消失

★什麼是擦擦筆？

擦擦筆是百樂公司（Pilot）出品的可擦原子筆，筆頭的橡膠有橡皮擦的功能。用一般鋼筆寫字，寫錯了就擦不掉，許多人為此感到困擾，而擦擦筆就是這些人的救星。不過，不能用來簽合約和帳單。

溫度到達 60℃以上，就算不擦，字跡也會消失吧？喵！

這種墨水設定脫色溫度為 65℃，所以，如果把用擦擦筆所寫的文字放在超過 65℃的地方保管，內容就會全部消失。不過，如果把它放在低於復色溫度（–20℃）的地方，消失的內容就能恢復。你可以用家裡的冰箱試試看。

擦擦筆墨水是使用特殊的微膠囊（Micro capsule）做為色素，一開始是顯色的（如 58 頁左圖）。經過摩擦生熱到達 60℃以上（如 58 頁右圖），A、B 的鍵結就會被切斷，變成無色。

如果用擦擦筆寫字，為慎重起見，還是不要把文件放在 60℃以上或 –10℃以下的地方吧！

Part 3

波

才華洋溢的人們掀起波潮

銀河系物理學校的藝術班。這班學生擅長音樂與美術，容貌高雅出眾，但不易親近。動物占卜中，大部分應該屬於「天馬」（Pegasus）吧！雖然他們很受歡迎，但似乎很少人有固定戀人。

顏色很好看呢！
燒起來了！
閃亮亮
又來了！
ART
WAVE社
你也要
加入嗎？
音浪
正強呢！
和弦很棒喔！
我很忙的
啊啊～
啊啊～

角色檔案：13

【Wave】

波

藝術班的學生之一。這一班在波同學的領導之下，很會表現自己。他們的力量和速度稍遜於運動班，但在團隊合作、藝術成績方面具有絕對優勢。在校慶等文化類活動上，每個人的表現都相當傑出。

總是急急忙忙、動來動去，很難抓住他

擅長在學校體育活動的啦啦隊比賽帶動波浪舞。擔任 Wave 社社長，帶領大家發揮團隊力量。

角色檔案：14

【Music】

音

銀河系物理學校音樂組學生。這一組的人都有絕對音感，尤其是音同學，除了絕對音感，還有超乎常人的節奏感。樂器、聲樂，無一不精。指揮能力特別獲得好評，被譽為「最美和弦創造者」。

角色類型
也會和波同學共事

擔任銅管社社長和音樂組組長，暗戀波同學（很令人意外的，波同學個性並不輕浮）。

角色檔案：15

【Light】

光

美感優越的藝術組學生。這組的學生大部分對藝術都異常投入，也很有個性，但出人意料的，又很擅長團隊合作。他是彩虹7兄弟中的第8人── white，學生們在背地裡，煞有介事的將他列為物理學校的7大神祕事件之一。

光同學就是在教室裡靜靜綻放的花朵

本名Photon（光子），是粒子也是波。因為可以靠自己的力量變成任何東西，與周遭格格不入。是兼備一切、超凡脫俗的天才。

在校慶活動大顯身手

校慶
主題
那麼……
還是運動吧！
HA!!
音速同學、速度同學、
光速同學大對決！
咻
看不見
啦！
用波隊的波浪舞爲他們加油！
就這麼決定吧！

要不要一起去看
音樂隊的演奏會？
樂器同學每天都在練習喔！
讓空氣振動起來！
也想讓大家聽聽
振動姊妹的和聲
高音～
低音～
等一下
校慶果然還是
要以美術爲主題
啊！
閃——

校慶特別節目上，
彩虹 7 兄弟大集合！
RGB（光的三原色）
請第 8 位兄弟 White 同學上台！
閃
接著是凸透鏡和
我的火焰秀！
轟
這個有點……
不知該怎麼說～
啊！凹透鏡！
為什麼上場的
沒有我！
我去去就來
好了好了
大家一起跟著
Wave 社登場
不是很好嗎？
喂！
結果大家不是
都被 Wave 社
帶上場了嗎？
閃～

➡角色檔案：16

【Standing wave】

駐波

乍看之下，他好像一直保持原來的姿態，但其實他是一點一點的上下移動。口頭禪是「我也很忙的」。波同學總是嘲笑他，讓他心情不太好。

➡角色檔案：17

【Shock sisters】

振動姊妹

振動姊妹一個名叫低子，一個名叫高子，兩人唱出美妙的和聲。她們有一個不為人知的煩惱，就是彼此音域都比較狹窄。姊妹兩人都羨慕對方。

角色檔案：18

【Musical instrument】

樂器

他以讓空氣振動來發出聲音。雖有絕對音感，但也有不少地方無法控制，需要調音。集合弦樂器、管樂器、打擊樂器，組成管弦樂團。

角色檔案：19

【Speed of sound】

音速

藝術班音樂組第1組的快腳。不過一山還有一山高，他從來沒跑贏過美術組的光速同學，但他似乎暗戀加速同學。

角色檔案：20

【RGB color model】

光的三原色

美術組的兄弟姊妹，非常受歡迎。他們還有其他 4 位兄弟也在這一組。不過，如果把紅、綠、藍三原色疊在一起，就會生出第 8 位兄弟——White 同學。他們是稀有角色，只有在雨後，才能看到 7 人同時出現。

角色檔案：21

【Speed of light】

光速

這位同學為什麼會在美術組一直是個謎。但如果沒有光速同學，顏色和光都不會到達我們的眼中。他是 1 秒能繞地球 7 圈的飛毛腿，沒有人看過他的身影，更別說是臉了。

⇒角色檔案：22

【Lens brother and sister】

透鏡兄妹

謎樣的兩人，不知是雙胞胎，還是相差1歲但同年級？光同學常跟他們在一起。凸同學愈是聚集光來燃燒紙，和光同學的感情就愈好；但光同學和凹同學卻有點話不投機。

這一班的使命是「傳達」音樂與美術，其中的關鍵人物就是「波」！

川村老師，請用簡單的方式告訴我「波」是什麼？

老師 沒錯。不過在海中，是波本身在動；而物理學所講的波並不會移動，只傳遞振動。如果你讓水池起波浪，波紋會前進，但漂浮在水面上的葉子並不會改變位置——它不會橫向移動，只會在原地上下動。

老師 老師 其實以物理的觀點，聲音和光也都是波。

貓咪 聲音的話，我大概可以理解。可是……光也是波嗎？喵！

老師 光波的傳播並未透過介質。水波的介質是水，音波的介質是空氣。

那麼，真空中是聽不到聲音的吧？喵！

沒錯，就是那樣。不過，真空狀態依然可以傳遞光波，因為它不需要介質。

波峰、波谷、波長、週期所代表的意義

● 進行波的波長

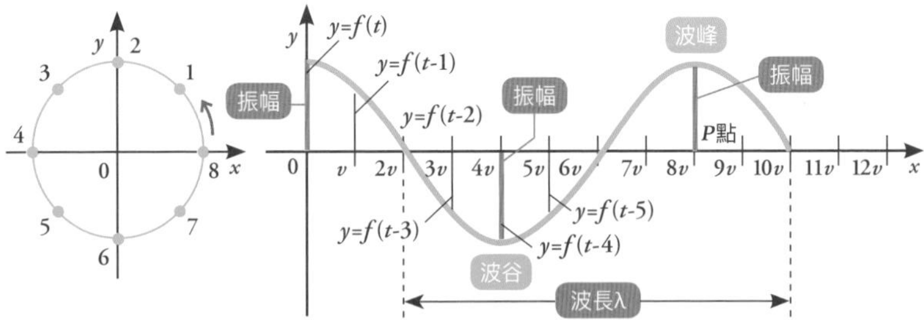

波振動一次所前進的距離稱為「波長」，以 λ（Lambda）表示；每一完全振動所需時間稱為「週期」，以 T 表示。

上圖中波的**最低點稱為「波谷」，波的最高處稱為「波峰」**，相鄰的波峰與波谷間垂直距離的一半稱為「振幅」（Amplitude），以 A 表示。

● 駐波的波長

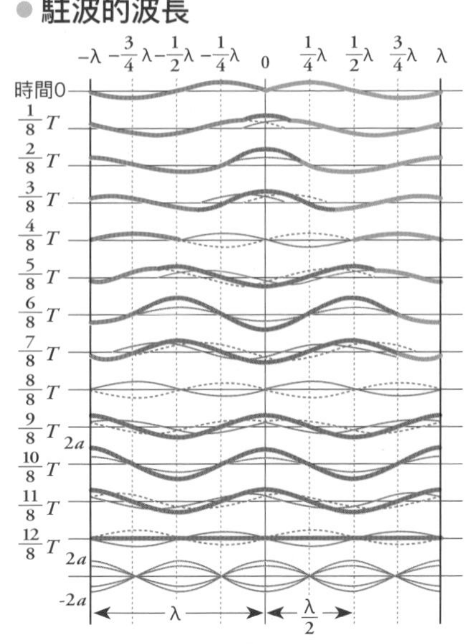

進行波與駐波

上圖中的波，因為外觀波形是向前進，所以稱為「進行波」。相反的，波形不前進的波則稱為「駐波」。**如果有兩個同振幅、同波長、反方向前進的進行波疊加合成，就會形成駐留在原地的駐波。**

如右圖最下方所示，最後

會形成駐波。

駐波中間振幅最大的部分稱為「腹點」，收縮的部分稱為「節點」。腹點和節點的位置不會移動，所以波看起來像是停在原地。

聲音傳播的原理

聲音也是一種波，所以聲音的傳遞需要介質。實際上，**聲音的傳遞是透過空氣與其他介質**，真空中無法傳遞聲音。

如果空氣中的氣溫為 t℃，音速為 V，

$V = 331.5+0.6t$

因此，溫度為 15℃時，音速就是 340m/s（每秒前進 340 公尺）。聲音在水中傳播的速度更快。

用紙杯和細繩製作紙杯電話，當你對這端的紙杯說「喂」，你的聲音就會以「細繩」為介質，將聲音的振動傳遞給對方。細繩使對方紙杯電話的振動膜發生振動，然後使空氣振動，最後振動了耳朵深處的鼓膜，耳朵便能感覺到聲音。

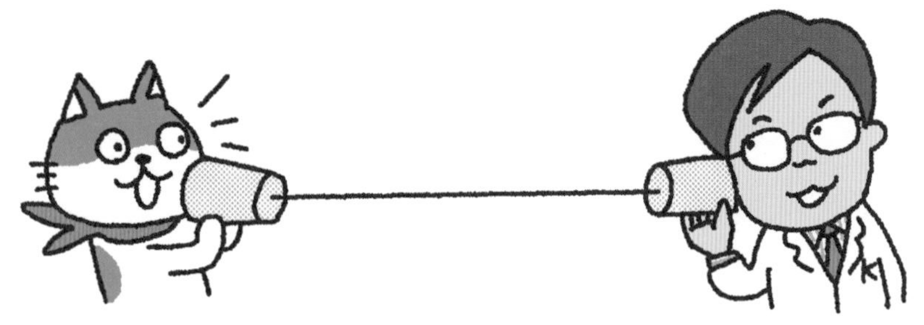

蚊音是什麼？

人類聽得到的聲音稱為「可聞聲」（Audible sound），頻率大約在 20 ～ 20000 赫茲之間。20000 赫茲以上的聲音稱為「超音波」（Ultrasound），20 赫茲以下的稱為「聲下波」（Infrasound），人耳都無法聽見。

● **頻率與聲音的關係**

人耳可聽頻率的範圍會隨年齡增長而改變。隨著年紀增加，高頻會先降到 18000 赫茲，然後降到 16000 赫茲……範圍愈來愈窄，這種情況稱為「高頻聽力受損」。也就是說，**有些頻率的聲音在年輕時聽得見，但年紀大了就聽不見**，這種高頻聲音（17000 赫茲左右）稱為「蚊音」（Mosquito tone）。

有些學生會把手機鈴聲設定為年長老師察覺不到的高頻聲音；也有些場所會用年長者聽不見的高頻聲音來廣播，提醒夜晚在公園喧嘩的年輕人保持安靜；這些都是蚊音使用的例子。

樂器如何維持音程？

樂器能夠維持正確的音程（Interval），是因為它們利用駐波（請見 74 頁）發出聲音。

小提琴、吉他等**弦樂器發出聲音時，會產生兩端為節點、弦中間為腹點的駐波**，這樣的狀態稱為「基本振動」（Fundamental vibration），而人類可以聽到該振動所發聲音的音程。**弦的長度愈長，聲音愈低；弦的長度愈短，聲音愈高**。

實際上，除了基本振動所產生的基音（Fundamental tone），還有各式各樣的振動混合而成的各種聲音。具體來說，弦的基本振動形狀類似蕃薯，它會同時形成兩、三個振動，稱為「倍頻振動」、「三倍頻振動」；而此時所聽到的聲音稱為「第一泛音」、「第二泛音」……所以，即使拉同樣的弦，如果共鳴箱（樂器本體）性能不同，音色也會有差異；簡單來說，樂器的價格就是差在這裡。所以，高級吉他會有精心設計的共鳴箱，有些小提琴的價格高達數億。

長笛等**管樂器則是利用管的共振**，在管中產生兩端為腹點、中央一帶為節點的駐波，我們可聽到該駐波所產生的基音音程。不同的吹奏方式可產生各種不同的泛音，讓我們聽到演奏者獨特的音色。

樂器就是利用弦或管的共振來維持音程。

麥克風的回授音

麥克風有時會發出「嗡嗡」的回授音（Howling）。

麥克風的回授音和耳機使用的降噪技術，是兩種相反的現象。

我先解釋回授音是如何發生的。回授音發生的前提條件，就是麥克風的位置必須接收得到喇叭所發出的聲音。麥克風接收到的聲音由擴音器放大，再由喇叭播放，麥克風再接收，喇叭又再播放……聲音便在麥克風→擴音器→喇叭之間無限循環，「嗡嗡」的回授音就是這麼產生的。

降噪耳機是用裝置在耳機內的麥克風來蒐集周圍環境的噪音，產生與噪音反相的聲音；亦即**產生與噪音相位相反（波峰波谷反向）的波形，與噪音的波形疊加在一起**，便可將噪音抵消，減少噪音。

光也是物理中的波

如開頭所說，光也是物理中的波。光、無線電波等都是電磁波。電磁波中，人眼看得見的光稱為「可見光」。

可見光中，紅色的波長最長。比紅光波長更長的光則變成紅外線，是不可見光。

波長最短的光是紫色。可見光由 7 種顏色組成，**波長由長到短依序是紅、橙、黃、綠、藍、靛、紫**。最近也有一說是彩虹只有 6 色，靛色被排除在外。不過，我覺得「彩虹有 7 色」的說法比較有夢幻色彩。光的波長愈長，能量愈低；波長愈短，能量愈高。

因為波長愈長，能量愈低，所以可見光的能量是依照由紅到紫的順序逐步增加。從「紅外線不會導致曬傷，紫外線卻能在短時間內造成曬傷」，我們就能了解能量與波長的關係。紫外線因為能量高，也被用來當做殺菌線。雖然紅外線與紫外線位於可見光邊界，但無論紅外線、紫外線、X 光或手機用的無線電波，都屬於物理學意義上的光，傳播速度都一樣，在真空中都是 3.0×10^8m/s。

顏色的結構

實際上，顏色是由光的波長所決定。之前提到彩虹的7種顏色，其中紅色波長約為 800nm，紫色波長約為 380nm，不同的波長對應不同的顏色。如果把這些顏色混合，就成了另一種顏色。其中，只有「光的三原色」能決定光會產生什麼顏色。

光的三原色指紅（Red）、綠（Green）、藍（Blue）三種色光（請見 70 頁），取英文的第一個字母，簡稱為「RGB」。電視、電腦、手機、數位相機等顯示器上的色彩都是由 RGB 構成。只用 RGB，就能表現出所有人眼可見的顏色，實在很不可思議。以適當的強度組合，**將 RGB 加色混合（Additive color mixture）就會形成白色光，減色混合（Subtractive color mixture）就會形成黑色**。

光的三原色

人眼可見的顏色，就是物體所反射光的顏色。如果你看見的物體是「紅」色，就表示該物體材質只反射了光成分中的「紅」。

也就是說，如果沒有光，人眼就無法辨識顏色。

無限反射鏡

無限反射效果是由光的反射現象所形成，類似麥克風的回授音。

讓兩面鏡子相對，第一面鏡子的影像就會在對面的鏡子中反映出來，而對面鏡子的影像又會繼續反映在第一面鏡子中……兩面鏡子不斷互相反映，在非常理想的狀態下，這種現象會無限循環。不過，因為現實中沒有鏡子能達到百分之百的反射，所以光在反射幾次以後就會衰減，最後將不再反射於對面的鏡子中。

把電腦的網路攝影機放在該電腦的顯示器對面，或把手機內建相機放在電腦的網路攝影機對面，也會產生類似無限反射鏡的現象，大家一定要挑戰一下玩玩。

遠近兩用鏡片

你小時候玩過放大鏡嗎？放大鏡是凸透鏡，可以放大近處的東西，但不能放大遠處的東西。

● 透鏡的原理

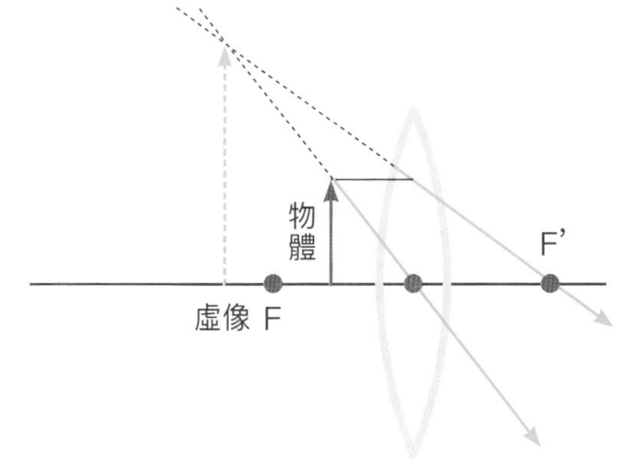

凸透鏡

中間厚，邊緣薄。能夠放大近處的東西，看遠處的東西時，會形成倒立的像。有聚光作用，用於放大鏡。

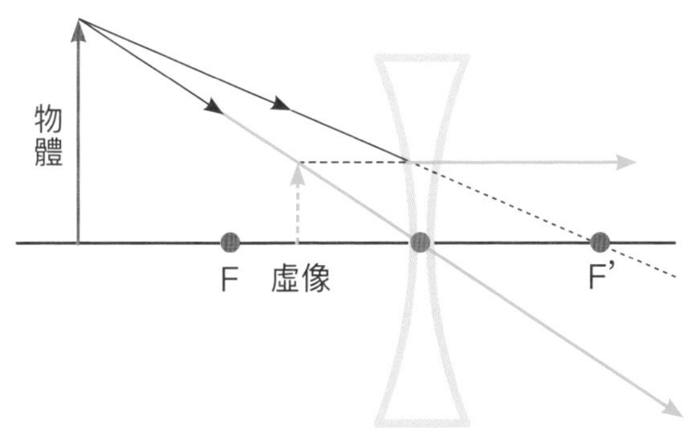

凹透鏡

中間薄，邊緣厚。有發散光線的作用。無論近處或遠處，用凹透鏡所看到的物體像都會縮小。用於望遠鏡等。

近視眼鏡使用的是凹透鏡，其原理如下圖。

● **如何用凹透鏡矯正近視？**

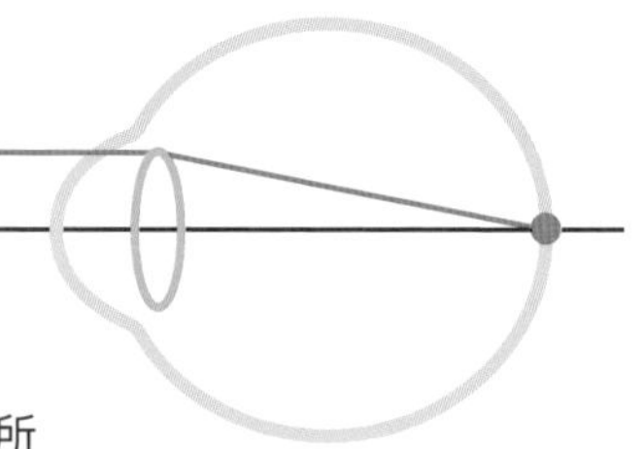

正常的眼睛

正常眼睛的明視距離約為 25 公分。所以，小時候大人總是說，看書時眼睛和書本要距離 25 公分以上。

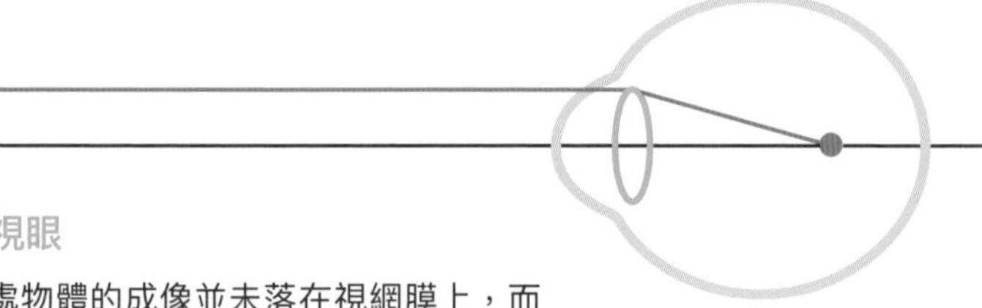

近視眼

遠處物體的成像並未落在視網膜上，而是在視網膜之前，所以看不清遠處的物體。

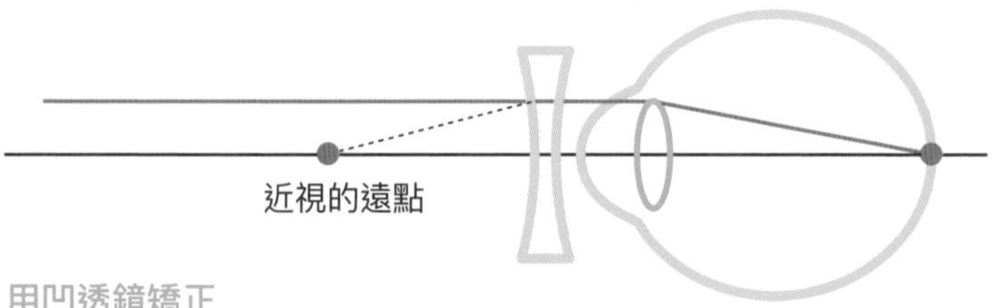

用凹透鏡矯正

利用凹透鏡發散光線的功能，使物體能在視網膜上準確成像。

用眼鏡來**矯正近視時，要用**凹透鏡**來延長成像距離，使原本成像在視網膜之前的影像往後移，成像於視網膜上**。而遠視、老花眼則是**成像在視網膜後方，所以應配戴**凸透鏡**，縮短成像距離**。

但如果近視的人又有老花眼，則同時需要凹透鏡和凸透鏡。也就是說，**一個鏡片上要有凹透鏡和凸透鏡**，這就是遠近兩用鏡片。

4K、8K 電視的原理

最近 4K、8K 電視逐漸普及，進入許多家庭的客廳。

可是這種電視好薄（我就不能在電視上睡午覺了，喵）

4K、8K 指的是像素數。另外有一個用語——解析度，經常和像素數一起使用。原則上，1 個感光元件可輸出 1px（即 pixel，像素）。解析度的單位是 dpi（Dots per inch），指每英

★ 4K、8K 電視是什麼？

K 是 1000 的意思，所以 4 K 、8 K 分別表示 4000 和 8000。4K、8K 電視指的是螢幕水平方向的像素數。4K 電視整個螢幕的像素數是水平像素數 3840× 垂直像素數 2160=8294400；8K 電視整個螢幕的像素數是水平像素數 7680× 垂直像素數 4320=33177600。我們依據像素的密集程度來評價影像、畫面的等級。數位無線電視與衛星數位電視大多數是 2K（高畫質，即 Full HD），水平 × 垂直像素數為 1920×1080。

吋（2.54 公分）用多少個點來形成影像，亦即每英吋的像素密度。這兩個用語雖然相似，但意義不同，大家在使用時要注意。

也就是說，2K 與 4K 的差別在於螢幕的像素數，喵！

沒錯。2K 是 1920×1080=200 萬像素，4K 是 3840×2160=800 萬像素。

相同的螢幕尺寸，4K 的像素密度是 2K 的 4 倍，所以能看到更多影像細節，喵！

2018 年 12 月 1 日開始，日本的「新 4K8K 電視衛星廣播」正式開播，BS 數位廣播與 110 度 CS 數位廣播的 4K、8K 頻道都可以收看了，預計今後 8K 將成為主流。

Part 4 電與磁

人類科學技術發展的基礎

銀河系物理學校的理科升學班。在日本，「電氣」（Denki）科有時會被戲稱為「閒人勿進（Dekin）科」；但如果沒有電與磁的研究，日本就無法發展最先進的科學技術。

碰我的話
會被電喔！
嗞
劈哩啪啦
N
S
…
現在流行
什麼？
愛迪生
傳記
好可愛喔！
E

角色檔案：23

【Electricity】

電

因為是理科班，這班幾乎等於「純男生班」。唯一的女生是U型磁鐵，她是大家的女神；但因為許多人想接近她，讓她有點困擾。很意外的，班上每個人都知道最尖端技術是靠自己支撐，大家都有豐富的知識，也非常專業。

碰我的話
會被電喔！

大家都說他「很犀利，老是在電人」，不能靠近，就算是不小心的也不行；但其實他是個溫柔的好青年。

角色檔案：24

發電

【Generate electricity】

發電同學代替有點急躁的電同學，擔負起凝聚全班的任務。在一群個性拐彎抹角的同學之中，他的表裡如一顯得很特別。能跟著人類歷史前進，提升文化與技術，讓他引以為傲。個性熱情，是個發光發熱的班長。

發電同學乍看之下並不起眼，但如果沒有他，我們就無法使用電。在穩定生產電力上，他扮演了重要角色。

在學校一角埋首研究

啪
電氣社
喂！電燈泡！
你這傢伙
又在偷懶了！
不是啦～
是歐姆電阻
同學！
嗞嗞
怎麼
了？
禁止通行……
搞什麼！
霹哩霹哩
又來了……
讓我
過去
MAP
又在吵架？
!!

U 型磁鐵不要靠近我！
我已經搞不清楚
東南西北了！
什麼啦
暈頭轉向
哇—
MAP
怎麼啦？怎麼啦？
又在吵嗎？
對啊！
鐵砂同學
天線同學啊！
U 型磁鐵
到哪裡，
你也跟著到哪裡～
嘻嘻
才沒有咧！
電波
電波
你在哪？
所以我說
讓我過去！
霹哩
霹哩
啪啦
不要……
請讓我們
過去！

怎麼啦？
發電「長學」！
閃亮亮
不要吵架唷！
馬達同學在睡覺，給我安靜一點。
ZZZ
什麼嘛！
應該直接告訴
我們啊！
好可愛喔
Z

角色檔案：25

【Light bulb】

電燈泡

對人類貢獻良多，但如果沒有發電同學，他就什麼也做不成。他本人也很清楚這一點，所以一直追隨著「發電長學」。雖然笨嘴笨舌，大家也覺得他這樣還蠻可愛的。

角色檔案：26

【Ohmic resistance】

歐姆電阻

外型是一個完美的Ω，是很容易了解的傢伙，有時會因為名字奇怪而被嘲笑。在班上，他顯得異於常人又有點難搞；但其實他的角色很重要，大家總不知不覺對他另眼相看。

角色檔案：27

【U Magnet】

U型磁鐵

在幾乎都是男生的班上，她扮演妹妹角色。有點天然呆，但很受歡迎，尤其鐵砂同學總黏著她不放。最近開始覺得鐵砂同學很煩，但又擺脫不了他。

角色檔案：28

【Compass】

指北針

方向感覺絕佳，可以在校舍中指出所有方向。他說：「這是因為我總是鎖定北方。」美中不足之處是愛強辯，但無論約會、出門或兜風，帶著他都很方便。

角色檔案：29

【Motor】

馬達

他是一輛汽車，是班上的研究對象。這一班當然都對電與磁有興趣，而對機械有興趣的人也不少。所以，他受到無微不至的照顧，是個幸福的孩子。

角色檔案：30

【Antenna】

天線

對無線電波、訊息及流行事物的敏感度超強。他認為「今後的電氣科一定要時尚」，全心全力維持自己的風格。暗戀 U 型磁鐵，但兩人很難有進一步發展。

川村老師，

請用簡單的方式告訴我「電」是什麼？

講到電，你就想到什麼？

霹哩啪啦的靜電，還有電流。喵！

老師 所有物質都帶電子。物質最初是電中性的（Electrical neutrality），這點稍後會詳細說明；毛衣和墊子並不是一開始就帶電，而是兩者互相摩擦後，一個變成帶正電，一個變成帶

負電。至於何種物質會帶正電，何種物質會帶負電，請看下圖。毛線（羊毛）會帶正電，墊子（聚氯乙烯〔Polyvinyl Chloride，簡稱 PVC〕）會帶負電，兩者可說是互相吸引。

容易帶正電（+）的物質 ←→ **容易帶負電（－）的物質**

毛皮、玻璃、雲母、羊毛、尼龍、絲綢、棉花、木材、皮膚、水晶、印花玻璃、（面紙）、紙、棉織品、硬橡皮、絲綢、橡膠、聚丙烯（吸管）、硫磺、聚酯纖維、壓克力、賽璐珞、聚乙烯、硬橡皮、玻璃紙、聚氯乙烯（橡皮擦）

物體帶正電或負電會因各種條件而改變，但僅以材料來看，變成正電或負電的傾向大致如此。

過去，人們就認為有正電與負電之分，後來才知道原來電子帶負電。大家應該都學過，在大多數情況下，氯是以 Cl^- 的形式存在，這個負號就是指電子。如果要讓鈉帶正電，從鈉原子中取走一個電子即可，但這樣又會導致電子不足，實在是左右為難呢！

電子那麼多，卻都是負的，喵！

川村老師，請用簡單的方式告訴我「電流、電壓」是什麼？

貓咪　是電在流動嗎？喵！

老師　電流就是電子的流動。照我剛剛所說，正電指電子不足的狀態，負電指電子過剩的狀態。

貓咪 是因為電子帶負電的關係嗎？

老師 對啊！物體原本是電中性的，和其他材料互相摩擦後，電子會轉移，導致正負電不平衡。之後，如果電子在物體上駐立不移動，物體就是帶靜電的狀態。

老師 兩物體間電子不平衡時，就會產生電壓（電位差）。電壓愈大，電子愈由負向正釋放，這種現象稱為「放電」。

貓咪 此時電子的移動也就是電流，對吧？喵！

老師 沒錯。如果 LED 燈使用乾電池發電，電子會從負極流過導線，點亮 LED 燈後，再回到電池的正極；這是因為電池的正負極間有電位差的關係。

乾電池正負極間的電位差是 1.5V，亦即電壓為 1.5V；但 1.5V 無法點亮 LED 燈。

貓咪 把兩個乾電池串聯起來，電壓就變成 3V；再連接 LED 燈，這樣它就會發光了。喵！

川村老師，請用簡單的方式告訴我「歐姆定律」是什麼？

我先說明歐姆定律吧！

★歐姆定律

德國物理學家歐姆提出，在溫度不變時，流經金屬導線的電流 I 與導線兩端的電壓 V 成正比，兩者的關係為 $V=RI$，R 是導線的電阻，單位為歐姆 Ω。

老師 用纏繞的方式會使電流變弱。電阻定律告訴我們，金屬導線的電阻 R 與長度 L 成正比，也就是導線愈長，電阻愈大。相反的，截面積 S 愈大，電阻愈小。

貓咪 所以不能捲太多圈嗎？喵！

老師 是的，這樣會讓導線長度增加。電阻 $R=\rho\dfrac{L}{S}$，ρ 是電阻率。

因為是歐姆先生發現的，所以稱為「歐姆定律」。

觸控面板的原理

觸控面板是貼附在螢幕玻璃表面上的薄膜，手機與電腦普遍使用的觸控面板是利用靜電原理進行感應。觸控面板有許多感應方法，最具代表性的是電容式觸控與電阻式觸控。**手機使用的是電容式觸控面板，利用靜電就能讓 CPU 知道手指是否放在螢幕上。**

觸控面板中縱橫交錯著許多表面帶靜電的電極陣列，如下圖。

手指碰到觸控面板時，會吸走該位置的靜電，感測器便據此判斷何處有靜電釋放。用一般的筆或戴著手套觸碰時，手機不會有反應，是因為其他東西與手指不同，不會導電，所以也不會釋放靜電。

電阻式觸控面板無法多點觸控；也就是說，不能用兩根手指同時操作。使用手機時，可以用拇指和食指同時觸碰面板，然後手指張開把照片放大，或手指閉合把照片縮小，電阻式觸控面板就沒辦法這麼方便。

電阻式觸控面板的電流是從兩片膜之間通過；**手指碰觸時，上層膜會接觸到下層膜，使電阻降低，表示該處有電流通過**，此時感測器便可讀取到接觸點位置。電阻式面板是透過壓力來操控，與觸控媒介是否導電無關；所以用筆、指甲來觸碰，螢幕也會有反應。這種面板也能感應觸碰壓力的強弱，因此常用於遊戲機。

磁力、磁鐵是什麼？

接著我們來討論磁鐵。電會吸引或排斥各式各樣的物體，磁鐵也是如此。磁鐵的 N 極與 S 極互相吸引，但 N 極與 N 極、S 極與 S 極彼此排斥。磁鐵的 N 極指向北方，所以被用來當做指北針。

製作指北針非常簡單，每個人都可以做。用發泡苯乙烯（Styrol）製作一艘小船，讓它浮在裝了水的臉盆裡，然後把百元商店就買得到的世界最強釹磁鐵（Neodymium magnet）放在船上，船就會朝向南北方向。日本列島也確實像照片一樣朝向南北。

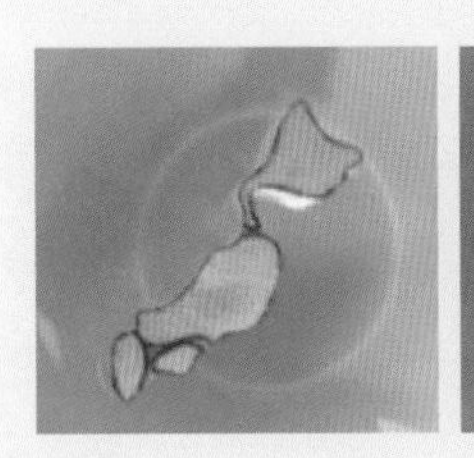

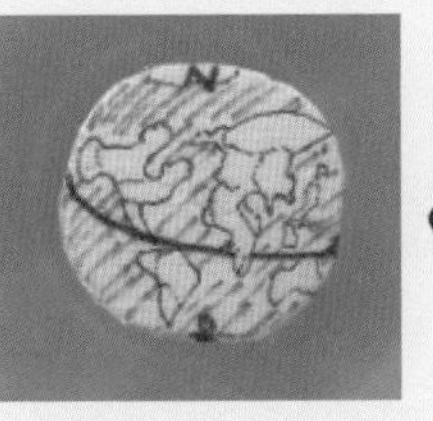

一般認為永久磁鐵中磁力最強的是釹磁鐵，百元商店就買得到它。

把棒形磁鐵和圓形磁鐵放在白色紙板下，再把鐵砂灑在紙板上，紙板上就會出現磁力線般的形狀，這讓我們看到磁鐵周圍空間如何受到磁力的影響。

電與**磁**具有相似的性質，都會吸引或排斥物體，因此，人們認為它們可能有某種關係。過去人們並不明白關係為何，直到 1820 年 5 月，哥本哈根大學教授厄斯特（Hans Christian Oersted）在上課時偶然發現，電流通過導線時，放在旁邊的磁針方向出現偏移。將導線沿南北方向放置，磁針放在其下方；當導線通以由南向北的電流，磁針的 N 極就會偏向西。

由此可知，**直線電流周圍會形成一個磁場。如果右手握住導線，拇指伸直的方向為電流方向**，其他四指自然彎曲的方向即為磁場方向（**安培右**

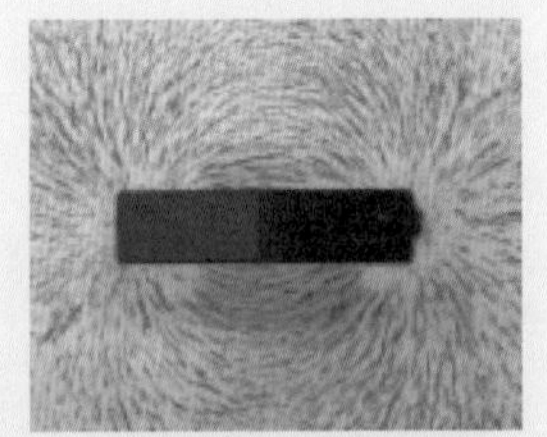

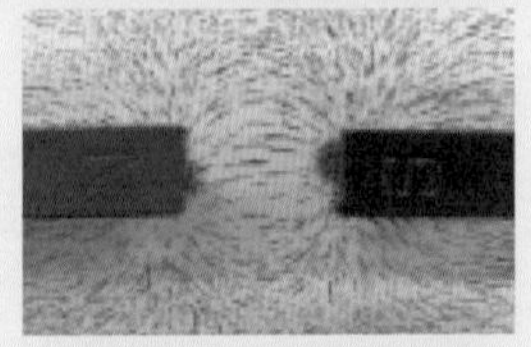

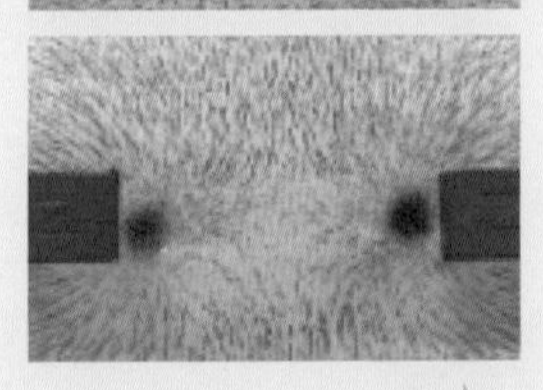

鐵砂形成的圖案稱為「磁力線」。中間的照片是不同極磁鐵之間顯示的磁力線，最下方則是同極磁鐵之間顯示的磁力線。

手定則〔Ampere's Right-Hand Rule〕）。如下圖所示，直流電周圍，沿著電流方向的右手螺旋方向會形成磁場。

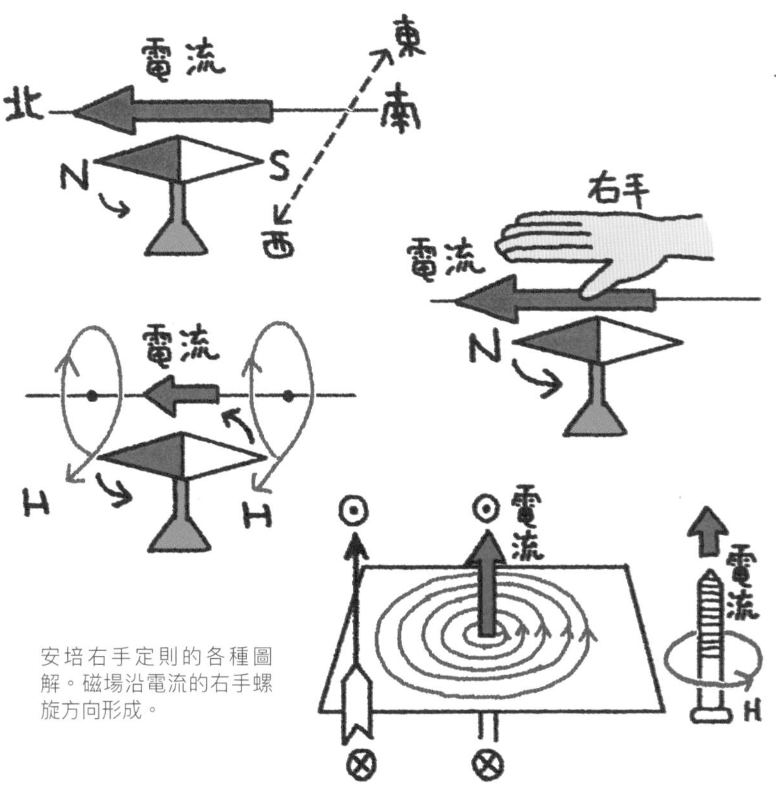

安培右手定則的各種圖解。磁場沿電流的右手螺旋方向形成。

我們可依據安培右手定則，**得知電流流經線圈時 N 極和 S 極的位置**。線圈中如果加入鐵芯，就成了強力電磁鐵。

由此可延伸出電動鞦韆實驗。接通電路後，鞦韆會擺盪；電流方向相反時，鞦韆的擺盪方向也會反過來。

我們可以用佛來明左手定則（Fleming's left hand rule），指示出懸吊鞦韆之導線的移動方向。馬達轉動的原理也可以此解釋。

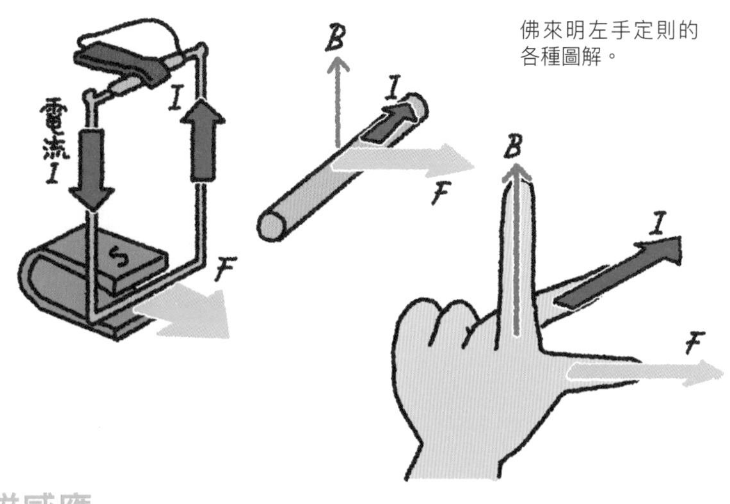

佛來明左手定則的各種圖解。

電磁感應

電流通過時會產生磁的作用，因此，人們自然會反過來問：磁鐵的作用會不會產生電流呢？這個答案花了 11 年才由麥可・法拉第（Michael Faraday）找到。

1831 年 8 月 29 日，法拉第終於發現了電磁感應（Electromagnetic induction）。他注意到，當一塊磁鐵在線圈附近，將磁鐵移近或移離線圈時，**即使迴路中沒有電池或電源，也會有電流通過線圈**。這種電流稱為「感應電流」（Induced current），產生電流的電動勢（Electromotive force），稱為「感應電動勢」（Induced electromotive force）。

線圈在磁場中轉動時，通過線圈的磁力線（磁通量）會增加或減少；磁力線數目發生變化時，會產生感應電流，也就是發電。如此，我們才能創造出由電能支撐的高科技社會。

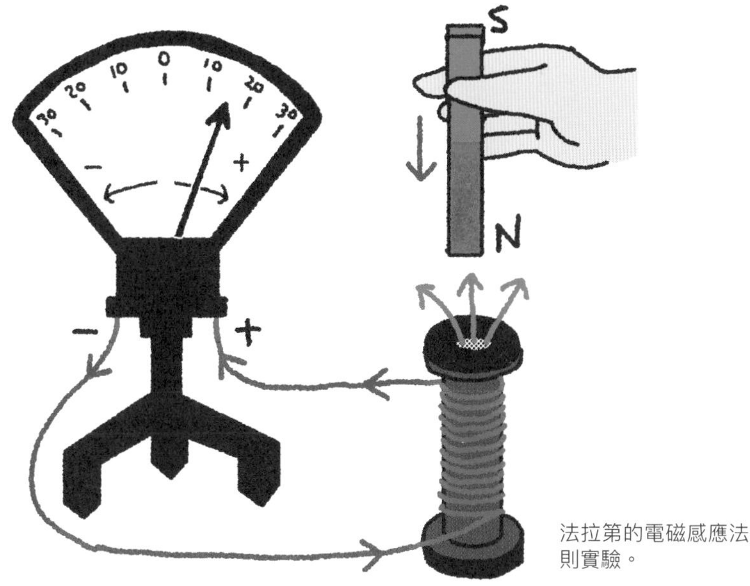

法拉第的電磁感應法則實驗。

電磁波

磁場變化會產生感應電動勢，若有電線，就會產生感應電流；若沒有電線，空間中就會產生電場，電場與磁場完全一致。將電力線想像成從正極到負極的磁力線，就很容易理解，不過電場指的是電力影響所及的空間。**空間中產生電場時，周圍也會產生磁場，因此，可推測有一種波動是由電場與磁場的交互作用而產生，並傳播於空間**，這種波動稱為「電磁波」。電磁波理論是在 1864 年由馬克士威（James Clerk Maxwell）推導出來的;20 多年後的1888 年，才由赫茲（Heinrich Rudolf Hertz）以實驗證實；1895 年，馬可尼（Guglielmo Marconi）完成無線電實驗，才有了今天的電視、廣播等。

電磁波的速率與光速相同，都是 3.0×10^{8}m/s。電磁波種類如下表。

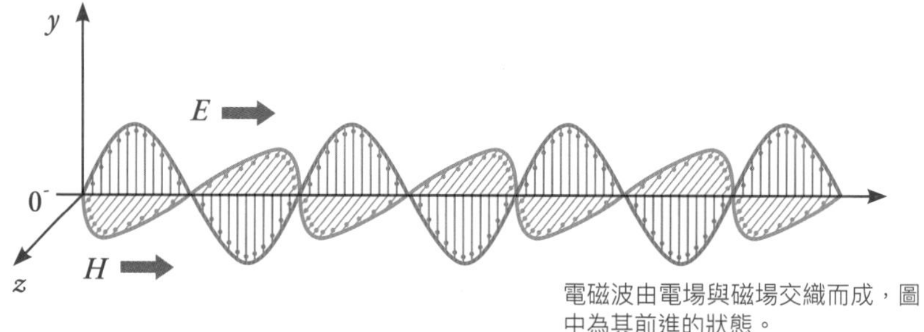

電磁波由電場與磁場交織而成，圖中為其前進的狀態。

各種電磁波

電磁波有好多種喔！

不同波長的可見光有不一樣的顏色喔！

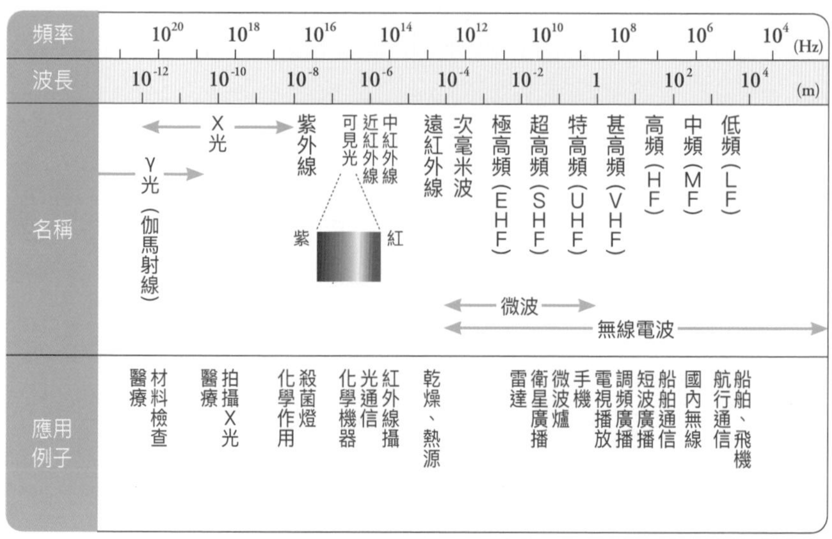

① 無線電波：波長比紅外線長，用於電視、收音機等。

② 紅外線（熱線）：波長比無線電波短，比可見光（紅光）長。照射在物體上時，容易被物體吸收，轉變為熱。

③ 可見光：人眼看得見的光，由**紅**、**橙**、**黃**、**綠**、**藍**、**靛**、**紫** 7 色組成。紅光波長約 800 奈米，紫光波長約 380 奈米。

④ 紫外線（化學線）：波長比可見光（紫光）短，容易使物質發生化學變化，也用於殺菌。

⑤ X 光：波長比紫外線短，用於 X 光攝影等。

⑥ γ 射線：放射性元素的原子核內所放出的電磁波。

這些電磁波與光一樣，都表現出波的特徵，包括反射、折射、繞射（Diffraction）、干涉（Interference）等。

5.1 聲道環繞聲

如果有 6 個喇叭，我要聽哪一邊呢？喵！

老師 聲音的錄製、播放方式中，最簡單的就是單聲道（1.0ch）。其次是雙聲道立體聲（2.0ch），企圖讓聽者左右耳聽到不同的聲音。環繞聲（Surround）則有更多聲道（3ch 以上），其中最普及的是 5.1 聲道環繞聲。

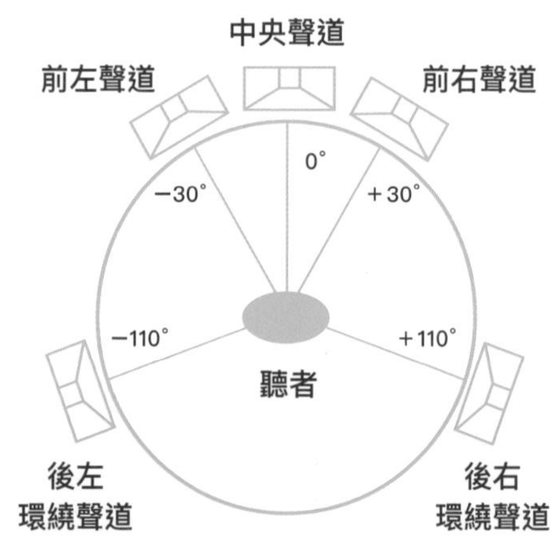

因為喇叭有 6 個，所以是「5 + 1」，即 5.1 聲道。

「.1」是什麼呢？喵！

★ 5.1 聲道環繞聲是什麼呢？

這是一種音響系統，播放時用 6 個喇叭圍繞聽者，以產生環繞音效。人耳聽得到的聲音一般在 20Hz ～ 20kHz，5 聲道指分別將這個範圍的立體聲喇叭配置在聽者的正前方、左前方、右前方、左後方與右後方。

老師　5.1 聲道環繞聲為了增強中低音效果，設置了 120 H z 以下的重低音喇叭。普通喇叭 1 個聲道以「1」計算，而播放超低音域的重低音喇叭則以「.1 聲道」計算，以示與普通喇叭聲道區分的差異。

所以那個點只是區分之用，並不是小數的 0.1 嗎？喵！

老師　沒錯，也就是 5 個普通喇叭，加上 1 個低音專用喇叭，總共 6 個喇叭。這個系統的開發是為了讓電影院等場所的音響效果更有臨場感，但也用於家庭劇院系統與高級音響設備。

有些播放 DVD、藍光光碟的影像軟體與數位播放軟體，也使用支援 5.1 聲道的聲音紀錄與傳送格式。

Part 5 物理與最新科學技術

學校裡的路都通往這3人！

銀河系物理學校的 3 位巨人，哭鬧的小孩看到他們也會閉嘴。沒有他們，就沒有物理（學校）。沒有物理的基礎，支撐人類文化的最新技術就無法發展。接下來，我們來簡單看看物理的歷史與現在。

角色檔案：31【物理】➡ P.116

➡角色檔案：31

【Physics】

物理

日本人將提倡日心說（Heliocentrism）的伽利略、發現萬有引力的牛頓、建立相對論的愛因斯坦合稱為「BTR」（日文的「物理」唸法為「bu tsu ri」，取字母開頭）。物理就是從這3人開始的！物理學校傳說中的學生會大學長終於要降臨了！

為支撐人類文化的最新技術建立基礎

物理學校的明星學生們吵起來時，背後就會出現這3尊的影子。他們是學生會大學長，哭鬧的小孩看到他們也會閉嘴。

物理學校真正的實力派是誰？

還有我（波）！
交給我們吧！
音
波
噗
我是電，我才是最優秀的
我是光，如果沒有我……
傳遞聲音的是我們！
對啊對啊
我是熱，我變化多端……
滋
滋
等一下
怎麼了？是誰？
好耀眼的光芒……

你們畢竟還年輕呢！
所以看法有點……
Bu
我是
伽利略
大家都很優秀，
不過……
我是
牛頓
Tsu
學校還是交給我們「物理」吧！
Ri
我是愛因斯坦
有我們 3 個，
才會有智慧手機和石英鐘錶
這些東西。
BTR3人組
我們才能代表
物理學校！
我們比不上
物理前輩……
消風
嗯嗯
滋滋
請
請

川村老師，請用簡單的方式告訴我「科學與物理的差異」！

物理和科學到底有什麼不同呢？喵！

科學、物理領域可追溯到古希臘時期，原本叫做「自然哲學」。

老師　日文中，物理成了理解「事物的道理」的學問。而物理的英文是「Physics」，原本指對一般自然知識的追求，其範圍相當廣泛，從天文到生物都包括在內。直到 19 世紀，物理才從自然哲學獨立出來，成為專門探索所謂物理現象的領域。

貓咪　科學與物理根本上都一樣，都是「理科」，是吧？喵！

老師　現代科學技術已發展到極高水準。我們享受著科技帶來的好處，視為理所當然；但事實上，是因為祖先們無畏的面對浩瀚的大自然，設法與它共生共存，我們才有了今天的便利。

貓咪　所以，人類的歷史就是發明與發現的歷史，喵！

老師　物理學發展的同時，技術也不斷進步。物理科學各領域進步的同時，技術領域也隨之成長，支撐起現代的高科技社會。

從物理學觀點來談最新技術

物理的歷史

我們先來談談什麼是科學。**有些學問領域讓我們學到綜合性的思考方式，哲學就是這類學問的代表**。有些學問領域則是針對某部分深入探討，例如學校裡有「科」這個字的科目——國語科、數學科、家政科、音樂科、理科等，皆屬此類。理科的學習內容就是科學。總之，有「科」這個字，就代表是一門專門的學問。

從英文來看，老師叫做「Teacher」，科學家叫做「Scientist」。範圍廣博、綜合性的職業，其字尾是「er」；而字尾是「ist」的職業，如「Pianist」（鋼琴家）、「Violinist」（小提琴家）等，則隱含專業、

深入探討之意。總之，**科學（Science）就是「專門學習某一部分」的意思**。而哲學家的英文是「Philosopher」，表示哲學是綜合性的學問。

隨著研究的發展，科學領域也分得愈來愈細。過去，科學大致可分為數學、物理、化學、生物及地球科學；現在，這些領域又各自進一步細分下去。

我們來看看物理是由哪些領域構成的。古典物理學中，力學的出現是因為人們想客觀表達緊張感、所施加的力有多少等現象；熱學的產生是為了客觀表達物體的冷熱；此外還有電學、磁學，它們各自形成獨立的研究領域，後來又結合成為一門學問。之後，現代物理學就開始發展。

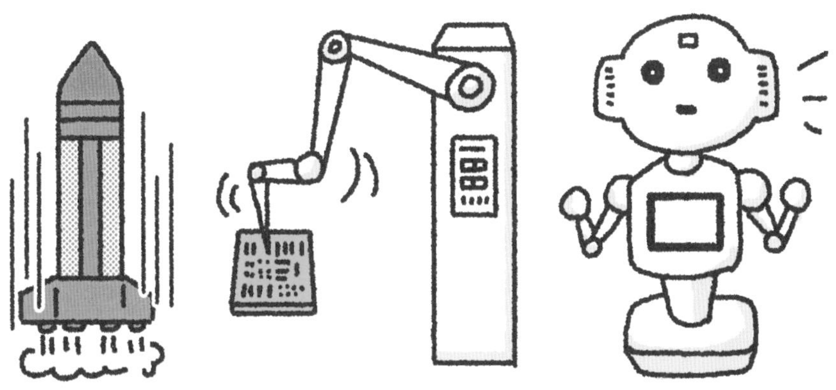

物理學發展的同時，技術也不斷進步。最尖端的科技和物理可說十分密切，因為這兩個領域來自相同的根源，同樣快速發展並不斷細分。

接下來，我們以物理學的觀點來說明最新技術。

特殊玻璃的結構

在物理世界，玻璃是堅硬、透明的**矽酸化合物，主成分是矽酸鹽（Silicate）**。最常見的玻璃是**鈣鈉玻璃**（Soda-lime glass）。對於**可見光**（請見 80 頁），玻璃有相當的透明度，再加上有相當的硬度、藥品耐受性強、表面光滑、容易清除污垢，常用於製造窗戶、鏡子、凹凸鏡片、餐具等。

為因應各式各樣的要求，如「不易碎」、「破裂後不會變得尖銳鋒利」、「不透視」、「隔絕紫外線」等，人們用特殊技術製造出特殊玻璃。特殊玻璃包括以下幾種：

首先是強化玻璃（Tempered glass），製造方法與普通玻璃幾乎相同，但在最後一道工序增加表面張力，所以**硬度是普通玻璃的 3.5 ～ 4 倍**，用榔頭敲也不會破；但如果**用尖銳物品插進去，它就會裂成粉碎**。不過，因為碎片邊緣是圓角，並不鋒利，不容易割傷手。

其次是硬質玻璃**（Hard glass），材質堅硬，在高溫下也不易熔化**，包括鉀玻璃（Potash glass）、硼矽酸鹽玻璃（Borosilicate glass）等。常被稱為派熱克斯玻璃（Pyrex），也是耐熱玻璃餐具的材料，所以大家都耳熟能詳。硼矽酸鹽玻璃是**由普通玻璃的原料——矽砂（Silica sand）、碳酸鈉（Soda）、石灰石，再加上**硼砂**製作而成，既堅固又耐高溫**。

再來是**紫外線透光玻璃**（Ultraviolet-ray transmitting glass），**是一種紫外光區的光穿透率高的玻璃。紫外線很難穿透一般玻璃，主要是因為一般玻璃含有雜質（鐵），會吸收紫外線**。去除雜質後，紫外線就能穿透，**石英玻璃**就是很好的例子。

最後是**單向透視玻璃**，**有魔鏡般的反射效果，從外面看不到裡面**。玻璃外側並不完全是鏡子，而是**藉由提高光反射率，使外面的人很難看到裡面**。鏡板玻璃可反射夏天的陽光，**避免室內溫度急速上升**。

智慧手機薄型化的關鍵技術

智慧手機的使用相當方便，但製造者仍不斷嘗試讓它變得更輕薄短小。一般來說，**手機能變得更小更輕，最主要是因為電池的進步**。可充電電池稱為**二次電池**，不能充電的稱為**一次電池**。

手機原本是汽車上的裝置，後來因尺寸變小，變成肩背式，當時手機使用的仍是鎳鎘電池（Nickel-Cadmium rechargeable battery）。之後，**鋰電池**出現，手機變得更小、更輕，漸漸成為現在智慧手機的尺寸。在電池逐漸進步的過程中，IC 晶片等半導體零件也走向小型化，其他電子零件也同時朝小型化、輕量化、節能化發展。**觸控面板玻璃薄化技術的開發，又使手機更加薄型化**。

石英鐘錶的原理

所有石英鐘錶都含有水晶嗎？從某種意義來說的確如此。石英鐘錶中裝置了**水晶製造的石英晶體諧振器（Quartz crystal unit），它有固定的振動週期，石英鐘錶以此為計時的參考值。對水晶等晶體施加壓力時，會使原本電中性的晶體變形，使它一邊的表面產生正電，另一邊的表面產生負電**，這就是著名的**正壓電效應**（Direct piezoelectric effect）。正壓電效應是由居里夫人的丈夫和弟弟以實驗驗證的。確認正壓電效應之後，再繼續研究是否有逆效應，也是人之常情。後來居里兄弟又發現，對水晶片的兩面施加電壓時，會產生伸長或壓縮等變形現象；這種現象稱為「**逆壓電效應**」（Converse piezoelectric effect），即石英晶體諧振器振動的原理，也應用在電腦和手機上。

石英晶體諧振器每秒振動 32768 次；振動時，**每秒會產生 1 次脈衝電流，使馬達轉動**，帶動秒針輪、分針輪、時針輪。如果是電子鐘錶，液晶板會隨驅動電路的電氣振動而點亮。

量子電腦

現在是物聯網（Internet of Things，簡稱 IoT）的時代，所有事物都連結網際網路。隨著 5G 的發展，IoT 處理的資料交換又更進了一步。**舊式電腦的處理能力似乎已達極限**，大家都希望新型電腦能超越舊式電腦的限制，其中，量子電腦備受期待。量子電腦的「量子」就是量子力學的「量子」。

量子力學理論的發展，是為了說明非常小的基本粒子（Elementary particle），如原子、電子等的運動行為。原子、電子、光子等微觀物質，和冷卻到非常低溫的物質，如超導體

（Superconductor）等，會發生一些不可思議的現象。例如，①電子等被認為是粒子的東西，同時也是波。②一般認為粒子碰撞到牆壁時，會反彈回來；但在量子力學的世界，粒子可以穿過牆壁。**利用量子力學這種特有的物理狀態所製作的電腦**，就是量子電腦，目前仍在研發階段，可望執行比過去的計算方式更有效的量子計算。順道一提，2020 年獲全球最高速認證的日本製超級電腦——富岳，雖非量子電腦，但能使用大量 CPU 進行高速運算。

奈米科技

奈米科技（Nanotechnology）是將物質縮小到奈米（nm，1nm=10^{-9}m）尺寸的技術，亦即**運用原子、分子般大小的物質開發新材料與裝置的技術**。例如在材料領域，奈米科技可製造出比鋼鐵堅硬 10 倍，但重量輕得多的材料；在 IT 領域，可將國會圖書館全館資訊儲存在小小的記憶體中；在生物學領域，癌症在只有幾個細胞時就能檢驗出來。目前付諸實行的技術相當多，例如奈米碳管（Carbon nanotube），是用一片石墨（Graphite，碳原子連結而成）捲繞而成，或由許多重疊的石墨圓柱管組成，用於提高電池的性能；二氧化鈦（Titanium dioxide）奈米粒子則應用於染料敏化太陽能電池，我們的研究室也正在研究這個主題。

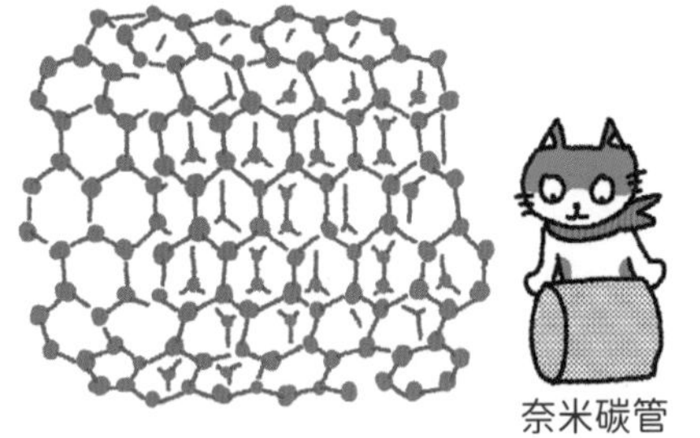

奈米碳管
1990 年代初在日本發現，內部有奈米尺寸的空腔。

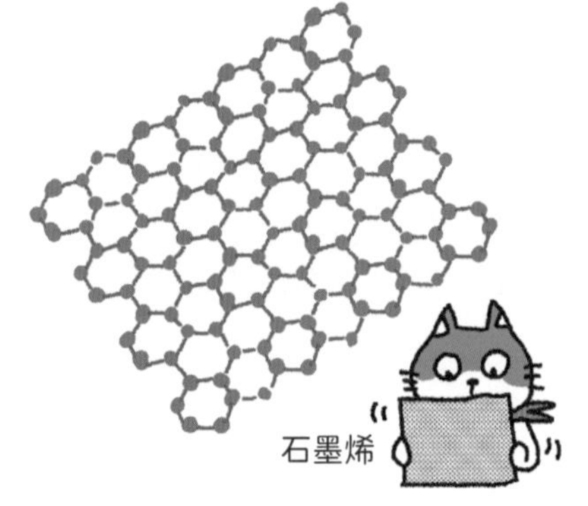

石墨烯（Graphene）
碳原子形成的片狀物質。發現石墨烯的物理學家在 2010 年得到諾貝爾物理獎。

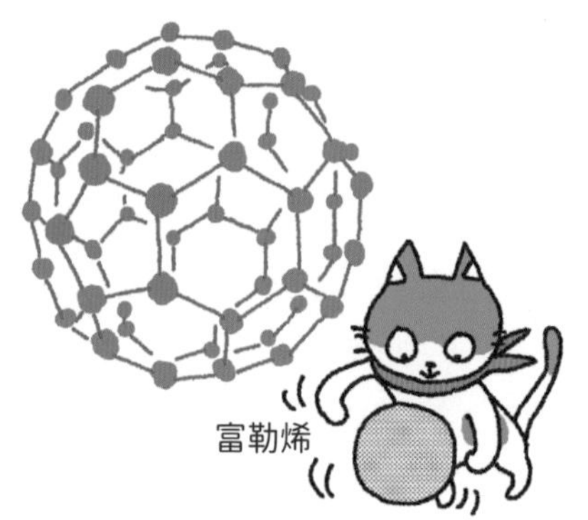

富勒烯（Fullerene）
由大量碳原子組成。最早發現的富勒烯是 C60，其結構類似足球。

機器人

機器人（Robot）是代替人類自主操作某些作業的裝置或機械。這個詞源自1920年代的科幻舞台劇《羅梭的萬能工人》（R.U.R.，Rossum's Universal Robots），創作者是當時捷克斯洛伐克（Czechoslovakia）的小說家卡雷爾・恰佩克（Karel Čapek）。「Robot」這個字，是**他將捷克語「robota」（強迫勞動之意）和斯洛伐克語「robotnik」（工人之意）組合而成的複合詞**。在日本的科幻作品中也有以人或動物為原型，有自主行為能力的人形機器人或人造人（如原子小金剛）、可遠端操作的機器人（如鐵人28號）、由人類搭乘或穿著時可增加力量的動力服（如無敵鐵金剛）等。

現實世界除了**研究用機器人、產業用機器人、軍用機器人**以外，還有主題樂園、展示館等場所的**導覽機器人**，以及寵物機器人「Aibo 機器狗」、雙足機器人「ASIMO」等，不勝枚舉。市面上也出現嗜好機器人（Hobby robot）、掃地機器人等商品。

未來的**超高齡社會中，照護機器人和動力服也備受期待。此外，無人機的機器人化也正在研究中**。自動駕駛汽車也可視為機器人的一種。

油污可以用油去除

頑固的油污，其實用油就可以讓它清潔溜溜。將廚房紙巾或抹布沾滿食用油，覆蓋在油污上，靜置一段時間即可。液體可大致分為親水性與親油性（疏水性）兩種；親水性指易溶於水，親油性指易溶於油。水（H_2O）中有帶正電（H^+）與帶負電（O^{2-}）的部分，所以可溶解帶電物質，但無法溶解油；親油性液體則能夠溶解油。卸妝油也是根據這個原理發明出來的。

卸妝油所含的界面活性劑在一個分子中同時含有親水基與親油基，所以在卸妝過程中，它會包覆皮脂和化妝品等油性污垢；我們再加水混合、充分乳化後，沖洗乾淨即可。其他洗劑也是依據相同原理製造。

不掉色口紅

接著我們來談談與卸妝油相反的「不掉色」原理。被稱為「不掉色口紅」的第 3 支口紅、染色口紅，就是依據這樣的原理製造。一般的口紅、唇彩使用的是有機顏料，染色口紅使用的則是染料。**染料是可溶於水與酒精的色材，會溶解在皮膚上，並滲進皮膚表面**。以前的口紅只塗在表皮上，所以在吃東西、接吻時一定會掉色；但染色口紅是將嘴唇染色，所以顏色不會脫落。若想去除顏色，必須用專門的卸妝品。

GORE-TEX

GORE-TEX 是一種用於機能性服裝的布料商標，其商品通常有 3 層結構：最外層使用高防水、防風、防塵的布料；最內層因為貼近肌膚，使用可直接與水蒸氣接觸的材質；**中間層（第 2 層）的布料就是所謂的 GORE-TEX，可防水、透濕**。它有許多細小的透氣孔，水滴無法通過，但水蒸氣能通過；所以能從內部排除水蒸氣，並阻擋外部的水滴（如雨水）進入。

停電

現在的日本，在正常情況下不可能停電。**停電表示可能有大規模災害，或因大規模恐攻等事件而發生二次災害**。不過，最近比較常出現可能是自然災害引起的停電。

為什麼日本不容易停電呢？原因之一是，我們會預測用電量，並持續生產比用電量更多的電。日本依賴國外進口石油與天然氣，因為是從中東用巨型油輪運送過來，必須維護航行安全，這條航線被稱為「海上航路」（Sea land）。此外，日本採用核能發電，有效避免了發電量不足的問題；但福島核電廠事故之後，火力發電所需原油的進口增加。為避免全球暖化，預計將擴大使用風力、太陽能等再生能源來發電。

最近頻頻發生大規模地震與水災。一旦停電，電燈無法照明、冰箱無法保冷；電視、電腦也不能用，使我們無法取得資訊。高樓裡的人擔心被困在電梯，裝設水塔、用抽水馬達抽水送上樓的建築物則可能停水，導致無法喝水與使用抽水馬桶。

為因應新型冠狀病毒等感染症，日本政府呼籲民眾避開密閉、密集、密切接觸（合稱「三密」）的場合。為避免在收容安置場所遇到三密的情況，居家隔離也是選項之一。因此，裝設太陽能發電、小型風力發電、燃料電池等發電設備，以及儲存上述設備之電能的蓄電池，都比以往更加重要。

薛丁格的貓

喵！我朋友被殺了！

這從頭到尾都是思想實驗（Thought experiment）喔！只是設定條件，在腦子裡想像而已。

★什麼是薛丁格的貓？

1935 年，奧地利物理學家埃爾溫・薛丁格（Erwin Rudolf Josef Alexander Schrödinger）為了說明「量子力學對物理實在的描述並不完備」，提出「薛丁格的貓」這個思想實驗——把一隻貓和放射性元素放在一個鐵箱裡，打開後才會知道貓的生死。

在這個思想實驗中，1 小時後原子狀態的函數如下：

|原子狀態|＝|放射線放出|＋|放射線未放出|

也就是放射線放出與未放出機率各占 50%的疊加狀態。

亦即|箱中的狀態|＝|貓死亡（放射線放出）|＋|貓活著（放射線未放出）|，所以是貓活著與死亡機率各占 50%的疊加狀態。

貓咪 在打開箱子確認前，不知道貓的死活嗎？

老師 生死機率各占一半。對量子力學老師來說，這一點都不奇怪。

貓咪 可能還活著，也可能死了。喵！

老師 有一種電腦叫做量子電腦，對吧？電腦原本採取二進位制，一個單位在同一時間只有 0 或 1 其中一種狀態；而量子電腦可以同時是 0 和 1。薛丁格的貓是量子世界的思想實驗。

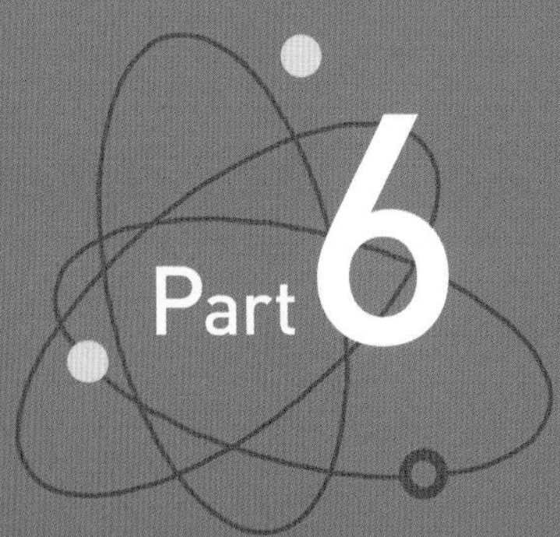

Part 6 時間與宇宙

人類會走向何方？

時間與空間的問題十分複雜難解，尤其宇宙中仍有太多未知之處，這些問題都屬於「未來」的範圍。本篇的人物都超級有個性，有的甚至也不是人類，但他們確實存在於物理學校中。讓我們靠近一點，看看他們最真實的面貌吧！

角色檔案：32【雙胞胎貓】➡ P.140
角色檔案：33【黑洞】➡ P.141
角色檔案：34【時間】➡ P.144
角色檔案：35【外星生命】➡ P.145

➡角色檔案：32

【Twin cats】

雙胞胎貓

不知何時開始，雙胞胎貓就在學校住下來了。川村老師的貓助理才剛訪問過他們，其中一隻就好像「去了外太空一趟」。這似乎跟相對論有點關係，謎團愈來愈多了。

地球貓和太空貓
是雙胞胎，
但年齡不同

這對雙胞胎中，好像只有太空貓能往返太空。太空和地球的時間行進速度不一樣嗎？

角色檔案：33

【Black hole】

黑洞

不知何時開始，雙胞胎貓就在學校住下來了。川村老師的貓助理才剛訪問過他們，其中一隻就好像「去了外太空一趟」。這似乎跟相對論有點關係，謎團愈來愈多了。

黑洞會吸進任何東西！記者哪裡去了？

傳言說，害他心情不好的人都會被他吸進去，聽說報導那則新聞的記者非常害怕。後來，就再也沒人看過那名記者了。

神祕人物的巢穴

學校角落
最深處的教室
禁止進入
欸，你知道這人
在說什麼嗎？
EARTH
SPACE
大概知道，他好像是說：
「爲什麼黑洞同學悶悶
不樂呢？」
……
啊……因爲他一直不想
公開露面，卻被校報的
記者拍到。
物理學校校報
真面目
終於
曝光！
這就是黑洞同學！
EARTH

不過，聽說最近都沒看到那個記者了……
你不覺得很恐怖嗎？
搞不懂耶～
三位物理大師對班上的神祕事件很感興趣。
對我們的事也有很深的執念。
EARTH
還有，最近也沒看到時間同學耶！
時間同學
EARTH
……這是哪裡？鐘擺……變得……好慢……喔……
這邊……
這邊……
這邊……
這邊……
……
輕飄飄
這邊……
這邊……
這邊……
這邊……

➡角色檔案：34

【Time】

時間

他負責學校的課程表與行事曆。頭上裝了鐘擺，自己也轉個不停。一旦進入太空，身體的轉動和鐘擺的擺動都會變慢。地球貓與太空貓（請見 140 頁）有事想找人商量時，他是優先人選。

➡角色檔案：34

【Extraterrestrial life】

外星生命

不知從哪裡來的轉學生，也不曉得是什麼時候來到物理學校的。總和一隻形似章魚的生命體手牽著手，但是，那隻是他的寵物還是朋友？或者，其實他們是雙胞胎？又或是同一個人？沒有人知道。

宇宙中一定還有其他生命體！或許吧？

川村老師，請用簡單的方式告訴我「相對論」是什麼？

這個叔叔（愛因斯坦）的臉我看過，喵！

相對論（Theory of relativity）是狹義相對論（1905）與廣義相對論（General relativity，1915）的總稱，由愛因斯坦提出。

老師 狹義相對論源自相對性原理（Principle of relativity，指物理定律〔Physical law〕適用於所有以等速直線運動的物體）與光速恆定原理。根據這個理論，時間是相對的，依不同觀察者而有所差異。牛頓力學中的時間是絕對的，愛因斯坦則認為，可依不同的觀察者位置對時間進行不同定義。

那麼，另一種相對論——廣義相對論是什麼呢？喵！

廣義相對論依據等效原理（Equivalence principle），將加速度導致的視重力（Apparent gravity）與重力場視為「等效」，也適用於等加速度直線運動以外的空間。

老師 之前在討論「力」時，也提過離心力。離心力是「慣性力」的一種，慣性力指物體在加速運動時感受到的與加速方向相反的力。置身在沒有窗戶的電梯中，當電梯向上加速，電梯內的人會受到向下的慣性力（譯注：因看不到外面，使得他無法判斷電梯的運動情況）。若加速度為 g，物體質量為 m，則物體所受慣性力為 mg，與在地面所受的重力 mg 相同。愛因斯坦無法區別這兩種 mg 的差異，所以視為等效。但無論慣性力的方向為何，物體都會往向量合成後的視重力場方向掉落。

時間在任何地方都固定不變嗎？

世界上最快的速度是光速。物體的移動速度若接近光速，它的時間進程就會變慢。也就是說，在接近光速的太空船上，時間會變得悠長。而且，接近光速的物體長度會朝行進方向收縮。

物體只要具有質量，即使在靜止狀態依然擁有能量（其能量 $E = mc^2$），稱為**靜止能量**（Rest energy）。

提到光的運動，我們已經知道光的路徑會彎曲。

1919 年，天文學家觀測到恆星發出的光線在經過太陽附近時被偏折，**這種現象稱為「重力透鏡效應」**（Gravitational lens），有助於了解黑洞等宇宙中質量分布的情況。此外，**天體物理學家也觀測到時間的延遲**。簡而言之，接近地面的時鐘行進速度會比高處的時鐘慢，GPS 也是依據這種效應來進行校正。

時間

牛頓力學中的「時間」（也就是我們一般理解的時間）和相對論中的時間大異其趣。牛頓在《自然哲學的數學原理》（*Philosophiæ Naturalis Principia Mathematica*，1687）中，假設空間是均勻平坦的；從過去到未來，在任何地方都平均延伸。在牛頓力學中，全宇宙的時間一致。

但相對論否定了這一點。

光速恆定原理指出，**光的速度是固定不變的**。這種狀況下，空間中不同地點發生的兩件事，對某個觀測者來說是同時發生，但對另一參考系的觀測者而言則非同時發生。也就是說，時間的前進速度並非在任何地方都相同。因此，時間和空間不能視為各自獨立的兩回事，**應該一體化，視為四維空間（時空，Spacetime）**。

不過，這是指物體移動速度接近光速時的情況。日常生活中，使用過去的時間觀不會有任何問題。

黑洞

黑洞（Black hole）是一種天體，**因為密度極高，重力極強，不只物質，連光都會被吸進去，無法逃逸**。天體是宇宙中所有物體的總稱，具體來說，指太陽、恆星、行星、星團、星雲等。**從相對論來看，黑洞周圍空間是扭曲的**。照以下方式想像應該會比較容易理解：

把重物放在一大塊展開的薄橡皮布上，放置處就會凹下去，而這塊凹陷會影響到周圍。同樣的，**黑洞所在之處會發生猛烈的空間扭曲，經過附近的天體會被極強的重力吸引，落入其中**，連光也難逃魔掌。

銀河系有許多黑洞，但具體數字不詳。2019 年，一個跨國研究計畫團隊首次拍攝到黑洞的「影子」，掀起一陣討論熱潮。

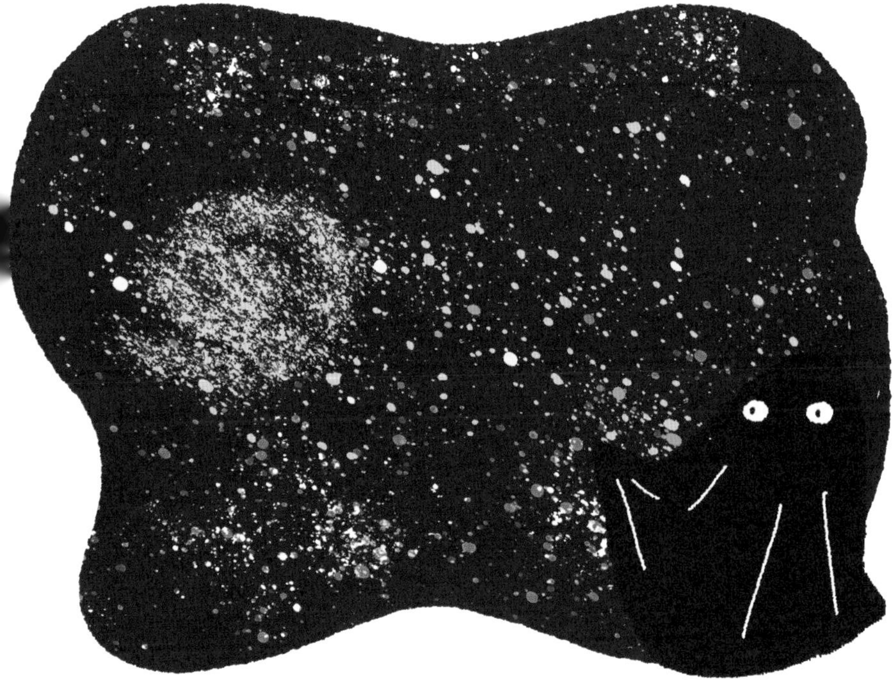

物理學校拍到了黑洞同學，現實世界也成功拍到了黑洞的「影子」。不知什麼時候，我們才會了解黑洞的全貌呢？

川村老師，請用簡單的方式告訴我「宇宙」是什麼？

好像有貓在做時間旅行。可是，貓可以上太空嗎？那是什麼樣的地方呢？

簡單來說，就是指地球之外的地方，大氣層以外全都是喔！不過，目前還不知道我們在太空中能到達多遠的地方。

貓咪 那麼，宇宙是從哪裡來的呢？

老師 大約 137 億年前，宇宙因大霹靂（Big bang）而誕生，然後就急速膨脹。10^{-36} 秒後，它的溫度降到 10^{29}K（0℃＝273K），產生了夸克（Quark）、光子等基本粒子。接著，宇宙益發膨脹，在 10^{-4} 秒後溫度降至 10^{12}K，3 分鐘後降至 10 億 K。此時開始了核融合反應，原子核產生。38 萬年後，溫度降到數千 K，電子與原子核結合，形成原子。當電子被原子捕獲，光子便得以自由移動，宇宙因此放晴。之後，原子因重力而收縮，形成銀河與恆星。

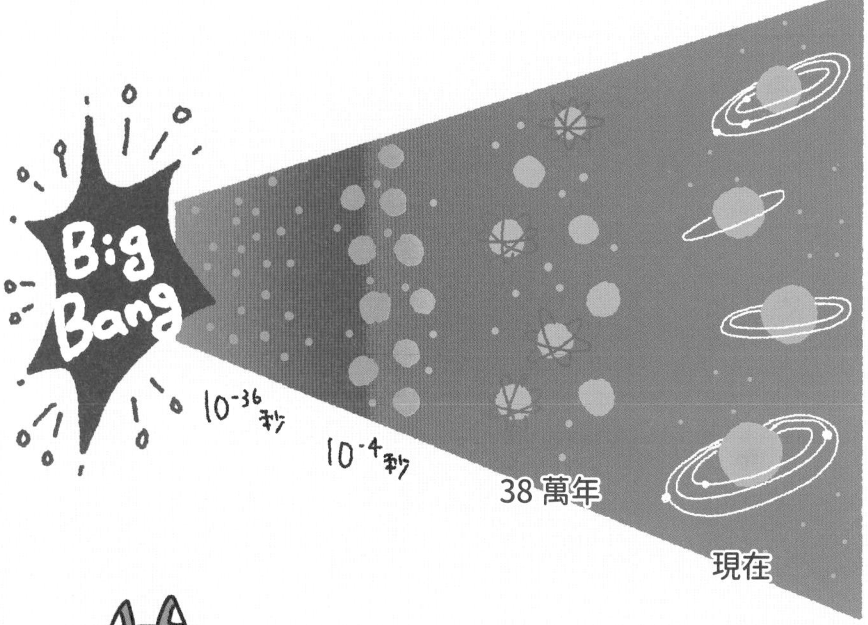

太空中有貓嗎？喵！

如果你是說還有沒有其他生命的話，我想或許有吧！不過，恆星有其壽命，我們還不知道這個宇宙會變成什麼樣子。如果能遇到外星貓就太好囉！

宇宙的研究

量子力學盡可能描述微觀物質，相關研究已進展到**基本粒子**階段；也試圖探索巨觀世界，研究範圍持續深入宇宙領域。但研究者發現，巨觀研究實際上也會來到基本粒子的世界；微觀與巨觀研究都通往基本粒子，兩者其實是一體的。**微觀研究中，原子細分為原子核與電子，原子核又分為質子與中子，再細分為夸克**。相反的，巨觀的宇宙研究發現，從大霹靂開始，先有夸克與光子，接著它們結合形成質子與中子，質子與中子再結合形成原子核，然後形成原子。

理論試算外星人存在的可能性

地球以外的星球可能產生生命體嗎？有些人推測火星曾經存在生命。也有人認為，木星第二衛星——歐羅巴（Europa）表面覆蓋大量冰層，冰層底下有海洋；**如果有水，環境又達到某些條件，產生生命體的可能性應該很高**。不過，星球必須有穩定的環境，生命體才可能創造文明。

如果地球以外有其他智慧生命所創造的宇宙文明，我們要怎麼發現它呢？許多組織致力於尋找地外文明，這些組織統稱為「尋找外星智慧計畫」（Search for Extraterrestrial Intelligence，簡稱SETI），在世界各地持續研究多項課題，目前仍在進行中。

想到有可能跟宇宙其他生命體交流……就覺得很開心。

如果有其他星球跟地球一樣也有生命體存在，那麼，宇宙中有多少個這樣的星球呢？1961年美國天文學家法蘭克·德雷克（Frank Donald Drake）提出「德雷克方程式」，推算銀河系中可能與人類接觸的地外文明數量 N：

$$N = R_{*} \times f_p \times n_e \times f_l \times f_i \times f_c \times L$$

德雷克在 1961 年提出以下數值：

$R_*=10$ 個 / 年（銀河系 1 年平均誕生 10 個恆星）

$f_p=0.5$（半數恆星擁有行星）

$n_e=2$（擁有行星的恆星中，每個恆星平均有 2 個行星可能存在生命體）

$f_l=1$（可能存在生命體的行星中，實際存在生命體的機率為 100%）

$f_i=0.01$（存在生命體的行星中，有 1%產生智慧文明）

$f_c=0.01$（擁有智慧文明的行星中，有 1%可進行星際溝通）

$L=10000$ 年（能星際溝通的文明持續了 1 萬年）

將以上的值代入公式，結果如下：

$N=10\times0.5\times2\times1\times0.01\times0.01\times10000=10$

因為 N>1，使我們**有強烈動機去探查地外生命**。

西弗（輻射劑量單位）

喵！原子彈！

輻射是一種最尖端技術，雖然也用於原子彈，但也會用在醫學與其他領域。

老師 大部分元素都包含數種同位素（Isotope，指原子序數相同，但中子數不同的原子）。有些元素會因為放射性衰變（Radioactive decay）而轉變成其他元素，衰變過程中會釋出輻射線，這種性質稱為「輻射性」（Radioactivity）。

貓咪 那是一種能力嗎？喵！

老師 發生放射性衰變時釋放的是輻射線。正確來說，輻射性是釋放輻射線的能力。

照到多少輻射線會對身體有害呢？

★什麼是西弗？

輻射性強度的單位是貝克（Becquerel，Bq），西弗（Siever）則是衡量暴露在輻射之下對生物組織影響程度的單位（等效劑量〔Dose Equivalent〕、等價劑量〔Equivalent dose〕）。輻射線有 α 射線、β 射線、γ 射線等多種，同樣都是 100 貝克，對人體的影響各不相同，為統一標準，所以創造了西弗這個單位。

老師 西弗這個單位就表示對身體健康的危害程度。但這個單位實在太大，一般都是用毫西弗（mSv）和微西弗（μSv）。

輻射有辦法降到 0 嗎？喵！

老師 沒辦法喔！全球人平均每年所受天然背景輻射劑量的平均值是 2.4mSv (0.0024Sv=2,400μSv)。一次胃部 X 光照相的輻射劑量大約是 0.5 ～ 4mSv，一次電腦斷層掃瞄則是 7 ～ 20mSv (=0.007Sv ～ 0.02Sv)。

物理角色圖鑑

用 35 個萌角色掌握最重要的物理觀念，秒懂生活中的科普知識

物理が楽しくなる！キャラ図鑑

作者	川村康文
譯者	林雯
插畫	すぎやまえみこ
封面設計	比比司設計工作室
內頁排版	簡至成
特約編輯	張瑋珍
行銷企畫	蕭浩仰、江紫涓
行銷統籌	駱漢琦
業務發行	邱紹溢
營運顧問	郭其彬
責任編輯	賴靜儀
總編輯	李亞南
出版	漫遊者文化事業股份有限公司
地址	台北市103大同區重慶北路二段88號2樓之6
電話	(02) 2715-2022
傳真	(02) 2715-2021
服務信箱	service@azothbooks.com
網路書店	www.azothbooks.com
臉書	www.facebook.com/azothbooks.read
發行	大雁出版基地
地址	新北市231新店區北新路三段207-3號5樓
電話	(02)8913-1005
傳真	(02)8913-1056
劃撥帳號	50022001
戶名	漫遊者文化事業股份有限公司
初版一刷	2024年9月
定價	台幣380元

國家圖書館出版品預行編目 (CIP) 資料

物理角色圖鑑 : 用35 個萌角色掌握最重要的物理觀念, 秒懂生活中的科普知識 / 川村康文著 ; 林雯譯. -- 初版. -- 臺北市 : 漫遊者文化事業股份有限公司 ; 新北市 : 大雁出版基地發行, 2024.09

160 面 ; 14.8×21 公分

譯自 : 物理が楽しくなる！キャラ図鑑

ISBN 978-986-489-994-4(平裝)

1.CST: 物理學 2.CST: 通俗作品

330 113011734

ISBN 978-986-489-994-4

有著作權・侵害必究

本書如有缺頁、破損、裝訂錯誤，請寄回本公司更換。

BUTSURI GA TANOSHIKUNARU! BUTSURI KYARA ZUKAN by Yasufumi Kawamura
Copyright © 2020 Yasufumi Kawamura
All rights reserved.
First published in Japan by SHINSEI Publishing Co., Ltd., Tokyo.
This Traditional Chinese edition published by arrangement with SHINSEI Publishing Co., Ltd., Tokyo in care of Tuttle-Mori Agency, Inc., Tokyo through Future View Technology Ltd., Taipei.

漫遊，一種新的路上觀察學

www.azothbooks.com

大人的素養課，通往自由學習之路

www.ontheroad.today

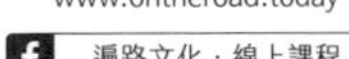